Das Holz
in Technik und Gewerbe

Meinem lieben Freunde

Alfred Hundt

Das Holz
in Technik und Gewerbe

seine Verwendungsmöglichkeiten, Eigenschaften, Schäden und Krankheiten

von

Fritz Hoyer, Ingenieur
Beauftr. Dozent am Friedrichs-Polytechnikum in Cöthen

Berlin W
Verlag von M. Krayn
1926

Vorwort.

Das Holz spielt heute in allen Zweigen der Technik und des Gewerbes eine weit größere Rolle als vor dem Kriege, wo man nahe daran war, diesen Baustoff, als für viele Zwecke nicht mehr entsprechend, auszuschalten. Heute verwendet man das Holz in wesentlich stärkerem Maße wieder bei Ingenieurbauten und hat damit so gute Erfahrungen gemacht, daß es keinem Zweifel unterliegt, daß diese Verwendung in Zukunft auch noch weiter zunehmen wird. Es sei da nur an große Hallenbauten erinnert, für die sich gerade das Holz unter Anwendung modernster Bauweisen als ein geradezu idealer Baustoff erwiesen hat. Es ist natürlich hier von Wichtigkeit, daß man sich mehr wie früher über die Eigenschaften des Holzes und ihre Eignung für diesen Zweck klar wurde. Das vorliegende Büchlein soll nun den Zweck haben, allen, die mit Holz zu tun haben, in kurzen Ausführungen Auskunft über die wichtigsten Fragen zu geben. Ich habe mich aus diesem Grunde auch nicht nur auf unsere einheimischen Holzarten beschränkt, sondern habe, soweit das im Rahmen dieses Büchleins möglich war, auch die wichtigeren ausländischen Holzarten herangezogen.

Als von großer Wichtigkeit für den Holzfachmann sind auch die Krankheiten und die Schädlinge des Holzes zu nennen. Gerade diesen Punkten und ihrer Bekämpfung habe ich daher besondere Aufmerksamkeit gewidmet.

Cöthen/Anh., im Januar 1926.

Fritz Hoyer, Ingenieur.

Inhaltsverzeichnis.

Die hauptsächlichsten Arten des Nutzholzes, ihre Eigenschaften und Verwendungsmöglichkeiten.

1. Die Nadelhölzer.

Die Tanne, auch Edeltanne, Weißtanne (Abies pektinata), Nordmanntanne (Abies Nordmannia), Douglastanne (Pseudosuga Douglasii), ist heimisch in Mittel- und Nordeuropa. Im grünen Zustande beträgt das spez. Gew. des Holzes 0,77 bis 1,23, im lufttrockenen Zustande 0,57 bis 0,75. Das Tannenholz gehört zu den leichtesten Holzarten. Die Druckfestigkeit beträgt 245 bis 460 kg/qcm, die Zugfestigkeit 110 bis 1080 kg/qcm, die Scherfestigkeit parallel zur Achse 30 bis 60 kg/qcm, senkrecht zur Achse 273 kg/qcm, die Elastizitätsgrenze liegt zwischen 170 bis 250 kg/qcm.

Das Holz ist rötlich- oder gelblichweiß, beim Spätholz dunkel und dicht, beim Frühholz weiß und weich. Die Jahresringe sind sehr deutlich. Das Holz ist weich, grob, gut spaltbar, im trockenen Zustande sehr dauerhaft, es schwindet nur wenig und ist zähe.

Das Tannenholz wird in der Hauptsache zu Bau-, Brenn- und Möbelholz verwendet, aber auch als Drechslerholz, als Schnittholz, als Resonnanzholz für Musikinstrumente, im Mühlenbau, zur Herstellung der Holzwolle, seltener für Holzschliff und Zellulose. Aus den Nadeln bereitet man den Koniferengeist.

Zur Familie der Tannen gehören etwa 25 Arten, die alle in der gemäßigten Zone heimisch sind, davon in Europa besonders: Abies pektinata, Abies cephalonica, Abies pinsapo, Abies Nordmannia.

Die meisten Arten stellen hohe Anforderungen an die Bodenfrische und die Luftfeuchtigkeit, das Luftbedürfnis ist nur mäßig, das Wärmebedürfnis verschieden.

Bei der Weißtanne ist bis zum 15. Jahre das Wachstum nur langsam, bis zum 30. Jahre beträgt es etwa 30 cm im

Jahre, vom 100. Jahre an läßt das Wachstum nach und ist mit dem 200. Jahr abgeschlossen. Die Wurzel ist tiefgehend und treibt eine etwa 1 Meter lange Pfahlwurzel. Die Tanne ist daher sturmfester als die Fichte, sie besitzt außerdem viele breitgehende Seitenwurzeln. Auf steinigem Boden fehlt allerdings die Pfahlwurzel oft.

Die Tanne findet sich in folgenden Grenzen: Nördlich bis zum Thüringerwald, Erzgebirge, Sudeten; südlich bis zu den Karpathen, Transsylvanischen Alpen, Halbinsel Krim, Sardinien, Pyrenäen. Trotzdem sie eigentlich ein Hochgebirgsbaum ist, geht sie nördlich ihrer Verbreitungsgrenze auch in die Ebene herunter und gedeiht selbst in Norddeutschland in Kultur noch gut. Während sie im Thüringerwald und im Erzgebirge nur bis zu etwa 800 Meter Höhe geht, kommt sie im Schwarzwald und im Böhmerwald noch in 1200 Meter Höhe und in den Pyrenäen in 2000 Meter Höhe vor.

Die F i c h t e , Rottanne, Pechtanne (Picea excelsa) gehört zu den sehr leichten Hölzern. Das spez. Gew. beträgt im grünen Zustande 0.40 bis 1.07, im lufttrockenen Zustande 0.35 bis 0.60. Das Schwindmaß beträgt in Hundertteilen: In der Achse 0.076, in der Richtung des Halbmessers 1.1 bis 2.48, in der Sehne 2.0 bis 7.3 v. H. Die Druckfestigkeit beträgt 296 bis 548 kg/qcm, die Zugfestigkeit 750 bis 780 kg/qcm, die Biegungsfestigkeit 420 bis 425 kg/qcm, die Scherfestigkeit parallel zur Faser 40 bis 55 kg/qcm, senkrecht zur Faser 220 bis 260 kg/qcm, die Elastizitätsgrenze liegt zwischen 210 bis 250 kg/qcm.

Das Holz der Fichte ist rötlich bis gelblichweiß, weich, grob und leicht spaltbar. Es besitzt sichtbare Harzsporen und riecht harzig. Infolge des hohen Harzgehaltes ist es dauerhafter als das Tannenholz. Das Holz ist elastisch und schwindet wenig. Die Fichte ist ein Reifholzbaum. Das Holz wird wie das Tannenholz verwendet, vor allen Dingen auch für Wasserbauten, es ist das wichtigste Papierholz zur Herstellung von Holzschliff und Zellulose, man verwendet es aber auch vielfach zur Herstellung der Holzwolle, besonders die Kunstseide wird aus Fichtenholzzellulose hergestellt. Die Fichtennadeln dienen zur Herstellung des Fichtennadelextraktes und der Waldwolle.

Die Fichte ist in 22 Arten verbreitet, wovon in Europa zwei heimisch sind, sieben in Amerika und die übrigen in Asien. Die Fichte oder auch Rottanne ist der wichtigste mitteleuropäische Nadelholzbaum. Die durchschnittliche Wachstumsgeschwindigkeit ist ähnlich wie bei der Tanne. Die sehr gerbstoffreiche Rinde wird zur Lederherstellung verwendet. Die Höhe der Fichte kann bis zu 50 Metern erreichen, die Dicke bis zu 2 Mtern. Der Höhenwuchs ist mit etwa 100 Jahren abgeschlossen.

Die Ansprüche der Fichte an den Boden sind mäßig, er muß wohl frisch, braucht aber nicht tiefgründig zu sein, die Ansprüche an die Wärme sind gering, dagegen sind die Anforderungen an die Luftfeuchtigkeit groß, an Licht geringer, allerdings größer als bei der Tanne.

Die Fichte ist über ganz Mitteleuropa und bis weit hinauf nach Nordeuropa verbreitet. Im Süden ihres Verbreitungsgebietes ist sie ein ausgesprochener Gebirgsbaum und steigt höher als die Tanne und die Buche (im Harz bis zu 1000 m, im Schwarzwald bis zu 1400 m, in der Schweiz bis zu 2000 m). Im Nordwesten Europas findet sie sich auch in der Ebene.

Die Kiefer, Föhre, gemeine Weißkiefer, Rotkiefer (Pinus sylvestris) gehört zu den leichten Hölzern. Das spez. Gew. beträgt im grünen Zustand 0.38 bis 1.08, im lufttrockenen 0.31 bis 0.80. Die Schwindmaße betragen: In der Achse 0.08 bis 0.2, in der Richtung des Halbmessers 0.6 bis 3.04, in der Sehne 2.0 bis 5.72 v. H. Die Druckfestigkeit der deutschen Kiefer beträgt 225 bis 440, bei der schwedischen Kiefer 420 bis 620, bei der Seekiefer entharzt 530, nicht entharzt 505 kg/qcm.

Bei der Kiefer ist der Splint sehr breit, rötlich- bis gelblichweiß, beim Trocknen braunrot. Es zeigen sich viele Harzporen. Das Holz ist weich, leichtspaltig, grob, harzig riechend.

Das Fichtenholz wird verwendet zu Bau- und Sägereizwecken, für Masten und für Möbel und viele andere Zwecke. Aus dem Kiefernholz wird Harz und Terpentinöl gewonnen, außerdem findet es viel Verwendung zur Herstellung der Zellulose und der sogenannten Lederpappe, die durch Schleifen des vorher gedämpften oder gekochten Holzes gewonnen wird.

Das Holz der Schwarzkiefer (Pinus nigra austriaca) ist stark harzend und zeigt im Fladerschnitt braune Streifen, sonst ist es wie das Holz der Föhre. Es ist aber besonders wertvoll zu Wasserbauten, für Schindeln und für Eisenbahnschwellen.

Die Krummholzkiefer (Pinus pumilo) hat sonst die Eigenschaften des Föhrenholzes, ist aber schwerspaltig, es kommt nur als Brennholz und zur Gewinnung von Kiefernöl in Frage.

Die Weimutskiefer (Pinus strobus) ist oft heller als die gemeine Kiefer, sie hat im Fladerschnitt schmale, gelbe Streifen. Das Holz ist leichtspaltig, weich, leicht, zähe, schwindet wenig und ist harzärmer als Kiefernholz. Es findet namentlich Verwendung im Schiffbau, als Schnittholz, Böttcherholz, für Tischerarbeiten, ist aber im allgemeinen minderwertiger als das Holz der Föhre.

Die Z i r b e l k i e f e r (Pinus cembra) ist im Kern rotbraun, im Splint gelblichweiß mit zahlreichen Harzporen. Das Holz ist weich, sehr leicht, fein und schwindet nur wenig. Die Jahresringe sind sehr gleichmäßig, die Zirbelkiefer ist ein Kernholzbaum. Das Holz findet Verwendung als Tischlerholz, zu Schnitzereien und für Schindeln.

Die S e e s t r a n d k i e f e r (Pinus maritima) ist sehr harzreich, das Holz ist schwer, dauerhaft, dicht, im Splint weißlich-rötlich, im Kern rotbraun, es findet besonders als Pflasterholz und zur Gewinnung von Terpentin und Harz Verwendung.

Von ausländischen Fichtenarten kommen besonders in Frage: Pitschpine oder amerikanische Harzkiefer (Pinus australis rigida). Der Kern des Holzes ist dunkelbraun, das Sommerholz braunschwarz, hart, dicht, speckig aussehend, es schwindet wenig, reißt aber an der Luft leicht. Es wird zu Bautischlerarbeiten, Wasserbauten und Eisenbahnschwellen verwendet.

Die nordamerikanische W e i h r a u c h k i e f e r hat einen tiefbraunen Kern und harzt stark, das Holz wird für Bauzwecke verwendet.

L o n g l e a f - P i n e (Pinus palustris) hat ein rötlichgelbes sehr hartes, dauerhaftes Holz, das im Splint weißlichrötlich, im Kern rotbraun ist, es findet namentlich als Pflasterholz Verwendung.

Y e l l o w - P i n e (Pinis ponderosa) ist sehr harzreich und wird namentlich zu Hochbauten und Eisenbahnschwellen verwendet.

Andere Pinusarten haben als Nutzholz weniger Bedeutung.

Von der Kiefer gibt es etwa 80 Arten, die in der nördlichen gemäßigten Zone heimisch sind, einzelne Arten finden sich auch südlicher, dann aber im Gebirge.

Unsere einheimische Kiefer oder Föhre (Pinus sylvestris) stellt an den Boden geringe Anforderungen, er muß aber tiefgründig und locker sein; Moorboden, sehr schwerer Tonboden und sehr magerer Sandboden sind ungünstig. Auf armem Boden ist die Kiefer sehr empfindlich gegen Streunutzung. Die Anforderungen an die Wärme sind nur gering, die Kiefer ist unempfindlich gegen Spätfrost. Auch an die Luftfeuchtigkeit stellt die Kiefer keine hohen Anforderungen, große Sommerhitze wirkt nicht nachteilig. Der Lichtbedarf ist sehr groß, da die Kiefer eine Lichtholzart ist; je ärmer der Boden ist, desto größer ist diese Anforderung.

Die Kiefer ist in ganz Mittel- und Nordeuropa heimisch, sie wächst in reinen Beständen oder auch gemischt mit Fichte, Tanne, Buche, Birke usw., sie ist ein Baum der Ebene, findet sich im Norden, aber auch im Gebirge, und zwar in Norwegen bis zu 1000 m Höhe, im Böhmerwald bis zu 950 m und in den Alpen bis zu 1500 bis 2000 m Höhe.

Die Schwarzkiefer findet sich besonders in den Ost- und Südostalpen und den Karpathen in den Höhen von 150 bis 300 m. In Deutschland kommt sie nur kultiviert vor, sie ist frosthart und in Österreich der wichtigste Baum für Harznutzung.

Die Seestrandkiefer (Pinus maritimus, auch pinus pinaster), Igelkiefer, Sternkiefer, Bordeauxkiefer oder Seekiefer ist der Waldbaum der Küstenländer und Inseln des Mittelländischen Meeres und in Spanien, wo sie große Bestände bildet und bis zu 2000 m Höhe anzutreffen ist. In Frankreich spielt sie eine große Rolle bei der Dünenbefestigung, in Deutschland ist sie nicht winterhart, wohl aber in England und in Norwegen.

Die L ä r c h e (Larix europaea) gehört zu den ziemlich leichten Holzarten. Das spez. Gew. beträgt im grünen Zustande 0.52 bis 1.0, im lufttrockenen Zustande 0.44 bis 0.80. Das Schwindmaß beträgt in der Achse 0.075 bis 0.1, in der Richtung des Halbmessers 2.17 bis 2.3 und in der Sehne 4.3 bis 6.3 v. H. Die Druckfestigkeit ist 496 bis 625 kg/qcm, die Zugfestigkeit 600 bis 1390 kg/qcm, die Biegungsfestigkeit 850 bis 1300 kg/qcm, die Scherfestigkeit parallel zur Achse 45 bis 70 kg/qcm und senkrecht zur Achse 250 kg/qcm. Die Elastizitätsgrenze liegt zwischen 140 bis 170 kg/qcm.

Der Kern des Lärchenholzes ist rotbraun, der Splint gelblichweiß, das Holz zeigt zahlreiche Harzporen, ist weich, grob, leichtspaltig und sehr dauerhaft, das Holz schwindet nur wenig. Die Lärche ist ein Kernholzbaum. Ähnlich der Lärche ist die Douglastanne. Das Holz findet vornehmlich Verwendung als Bauholz, für Wasser- und Grubenbau, zu Möbeln und zu Eisenbahnschwellen.

Von der Familie der Lärchen gibt es neun verschiedene Arten, die alle in der nördlichen gemäßigten Zone heimisch sind und deren Unterscheidung nur auf Grund der Zapfen möglich ist. Die verbreitetste Art ist die Lärche, Lorche oder Lärchentanne (Larix europaea). Sie besitzt ein sehr kräftiges Wurzelsystem mit Pfahlwurzel und mehreren Herzwurzeln, woraus sich die außerordentlich große Sturmfestigkeit erklärt. Die Ansprüche des Baumes an den Boden sind mäßig, etwa zwischen Fichte und Tanne, die Anforderungen an die Wärme sind gering, ebenso an die Luftfeuchtigkeit, die Lärche verlangt aber viel Licht und ist zu den ausgesprochensten Lichtholzarten zu rechnen. Stagnierende feuchte Luft, Schatten und Sturmlagen wirken ungünstig auf den Wuchs ein. Die Lärche findet sich in den Alpen bis zu 2400 m Höhe, in den Karpathen und Sudeten bis zu 800 m Höhe, durch Kultur ist sie jetzt im ganzen nördlichen Europa verbreitet.

Von anderen Nadelholzbäumen kommen nun noch in Frage:

Die E i b e oder der T a x b a u m (Taxus baccata). Das Holz gehört zu den schweren Arten und hat im grünen Zustande ein spez. Gew. von etwa 1.03, im lufttrockenen Zustande von etwa 0.84.

Das Holz ist gelblichweiß, im Kern braunrot, hart, schwer spaltbar, dauerhaft und zähe, sowie sehr elastisch. Es findet besonders zu Drechslerarbeiten, Bleistifthülsen, Faßhähnen und Fournieren Verwendung.

Die Eibe kommt in mehreren, schwer voneinander zu unterscheidenden Arten vor, und zwar in der nördlichen gemäßigten Zone der alten und der neuen Welt. Die Eibe ist sehr langsamwüchsig und im Freistand empfindlich gegen Frost, sie verträgt aber viel Schatten.

Die gemeine Z y p r e s s e (Cupressus sempervirens) hat ein leichtes, weiches und leicht zu bearbeitendes Holz, das unter Wasser sehr dauerhaft ist. Das Holz ähnelt dem Tannenholz, ist aber dichter. Es findet in der Hauptsache Verwendung für feinere Tischer-, Drechsler- und Schnitzarbeiten. Die Zypresse ist besonders im Mittelmeergebiet, Asien, Nordamerika und Mexiko zuhause.

Zu den Zypressenarten gehören auch die L a w s o n - Zypressen (Thuja gigantes) und der L e b e n s b a u m (Thuja occidentales), die beide einen schmalen, hellen Splint und bräunlichen Kern haben. Das Holz dient vornehmlich als Tischlerholz.

Die Sumpfzypresse, die nicht zu den Zypressenarten gehört (Taxodium distichum) hat einen schmalen, hellen Splint und braunen Kern. Das Holz ist leicht, dauerhaft und elastisch. Der Baum ist ein Kernholzbaum, dessen Holz als Bauholz sehr geschätzt wird.

Der gemeine Wacholder (Juniperus communis) hat gelbbraun bis rötliches Holz, von weicher dichter Beschaffenheit. Das Holz ist schwerspaltbar, dicht, fest, zähe und besitzt einen ganz kennzeichnenden Geruch. Es ist dem Wurmfraß nicht unterworfen und somit sehr dauerhaft. Es wird zu Tischler-, Drechsler-, Galanteriearbeiten und zu Peitschenstielen verwendet.

Der virginische Wacholder oder das rote Zedernholz (Juniperus sabinae) hat einen rosen- bis braunroten Kern. Das Holz ist weich, leicht und gut spaltbar und besitzt einen angenehmen Geruch. Es findet besonders als Bleistiftholz Verwendung.

2. Die Laubhölzer.

Der Ahorn, Bergahorn (Acer pseudoplatanus), Spitzahorn (Acer platanoides) und der weniger wertvolle Feldahorn (Acer campestre).

Der Bergahorn hat weißes oder gelblichweißes Holz, das hart, schwer, zähe, schwer spaltbar und leicht werfend ist. Das Holz reißt auch leicht, ist aber im Trocknen sehr dauerhaft und schwindet wenig. Der Bergahorn ist ein Splintbaum. Das Holz ist sehr gesucht und findet vielseitige Verwendung für Möbel, Parkett, Einlegearbeiten, Löffel, Schüssel, Teller, Schachteln, Pfeifenköpfe, Schnitzereien und Galanteriearbeiten.

Das spez. Gew. beträgt im grünen Zustande 0.83 bis 1.05, im lufttrockenen 0.53 bis 0.81. Das Schwindmaß ist in der Achse 0.072, in der Richtung des Halbmessers 3.35 und in der Sehne 6.59 v. H. Der Bergahorn hat rötlichweißes, oft schön gemasertes Holz (Vogelaugen), das für Peitschenstiele, Zahnstocher, Gartenstühle, Tischer- und Drechslerarbeiten Anwendung findet.

Die Verbreitung des Ahorns ist ähnlich wie die der Weißtanne; er stellt hohe Ansprüche an den Boden, weniger an die Wärme, in der Jugend braucht er nicht viel Licht, im Alter aber mehr, auch die Anforderungen an Luftfeuchtigkeit sind groß, weshalb er auch am besten in Gebirgsgegenden gedeiht. Anpassungsfähiger und anspruchsloser ist der Spitzahorn. Der Feldahorn wird nur bei reichlichem Licht baumartig, sonst bleibt er strauchartig, besonders auch auf schlechtem Boden.

Die falsche Akazie oder Robinie (Robinia pseudacacia) hat einen grünlich-braunen Kern und einen gelblichen Splint. Das Holz ist hart und schwerspaltig, sehr elastisch. Die Robinie ist ein Kernholzbaum. Das Holz dient als Bauholz, für Pfosten, Speichen, Branntweinfässer und Drechslerarbeiten.

Die Ansprüche an den Boden sind sehr groß, da aber ein weitreichendes Wurzelsystem vorhanden ist, so ist auch auf mageren Böden ein Fortkommen noch möglich. Die Ansprüche an Licht sind groß, die Robinie ist empfindlich gegen Frühfrost, nicht aber gegen Spätfrost, sie verlangt keine hohe Bodenfeuchtigkeit, so daß sie auf Schutt- und Sandböden auch fortkommt und oft an Böschungen angetroffen wird. Obwohl der Baum aus Afrika stammt, ist er doch schon seit langer Zeit bei uns heimisch.

Die Aspe gehört zu den Pappelarten, die besonders vertreten sind durch die Zitterpappel, Aspe oder Espe (Populus tremula), Silberpappel (Populus alba), Schwarzpappel (Popullus nigra), italienische Pappel (Populus pyramidalis). Das Holz ist leicht, sehr weich, leicht- und schönspaltig, aber nicht dauerhaft; es schwindet stark und reißt wenig. Es wird in der Hauptsache verwendet zu Dielen, Schindeln, Kisten, Innenausbau von Eisenbahnwagen, Zündhölzern und ist das einzige Laubholz, das mit Vorteil zu Papierhalbstoff verarbeitet werden kann.

Die Pappelarten gehören zu den sehr leichten Hölzern, das spez. Gew. ist im Mittel beim grünen Holz 0.84, beim lufttrockenen 0.49. Das Schwindmaß beträgt in der Achse 0.125, in der Richtung des Halbmessers 2.59 und in der Sehne 6.40 v. H.

Die Zitterpappel oder Aspe stellt geringe Bodenansprüche und findet sich in ganz Europa mit der Birke zusammen, selbst in den Gebirgen in bedeutenden Höhen, sie ist aber sehr lichtbedürftig und wächst gern auf Aueboden. Ihr Alter wird kaum höher als 60 Jahre.

Die Silberpappel bevorzugt kräftigen, tiefgründigen Boden und findet sich oft in Flußtälern in Kultur bis Schweden; sie ist raschwüchsig und wird sehr alt und sehr dick, nicht aber hoch.

Die Schwarzpappel bevorzugt sandigen, feuchten Boden und findet sich in ganz Europa in den Flußniederungen.

Die Birke, gemeine Birke, Weißbirke, Rauhbirke, Harzbirke (Betula alba), Haarbirke, Ruchbirke, Moorbirke, nordische Birke (Betula abescens) hat nur Splintholz von weißrötlicher Farbe. Das Holz ist nicht sehr hart, aber zähfaserig, schwerspaltig und im Freien wenig dauerhaft. Es ist aber oft sehr schön gemasert. Das Birkenholz findet Verwendung für Felgen, Deichseln, Möbel, Bürsten, Löffel, Pfeifenköpfe und wird auf Buchdruckerschwärze und Malerfarben verarbeitet.

Das Holz ist zu den ziemlich leichten zu zählen, das spez. Gewicht beträgt im grünen Zustande 0.80 bis 1.09, im lufttrockenen 0.51 bis 0.77. Die Schwindmaße sind je nach der Herkunft sehr verschieden und betragen bei der deutschen Birke in der Achse 0.222, in der Richtung des Halbmessers 3.86 und in der Sehne 9.3 v. H., bei der russischen Birke hingegen in der Achse 0.065, in der Richtung des Halbmessers 7.19 und in der Sehne 8.17 v. H.

Die gemeine Birke ist in ganz Europa bis nach Skandinavien verbreitet und steigt selbst im Gebirge sehr hoch (im Erzgebirge bis zu 1000 m, in den Alpen bis zu 1500 m, in den Pyrenäen bis zu 2000 m). Die Ansprüche an Licht sind sehr groß, an Boden und Wärme gering. Reine Kalk- und Moorböden werden schlecht vertragen, feuchte Standorte dagegen gut, Unkrautwuchs stört die Birke nicht.

Die Haarbirke ist weiter nach Norden verbreitet und findet sich meist nur auf Moorböden, nicht aber südlich der Alpen; sie steigt in den Gebirgen ebenfalls sehr hoch und stellt größere Ansprüche an Boden- und Luftfeuchtigkeit, wie die gemeine Birke. Die Ansprüche an Licht sind ebenfalls sehr hoch, an Wärme aber gering, Unkrautwuchs ist ihr ebenfalls unschädlich.

Die Buche oder Rotbuche (Fagus silvatica) hat rötlichweißes, hartes, leichtspaltiges Holz, das unter Wasser sehr dauerhaft ist, im Freien dagegen leicht fault. Das Holz läßt sich leicht biegen, schwindet und reißt aber leicht. Die Buche ist ein Reifholzbau. Das Holz findet sehr weitgehende Verwendung im Wasserbau, zu Straßenpflaster, Treppen, gebogenen Möbeln, Wein- und Bierfässern, im Wagenbau, für landwirtschaftliche Geräte, Zigarrenkisten, Radzähne, Scheiben, Eisenbahnschwellen usw.

Die Rotbuche gehört zu den mittelschweren Hölzern, das spez. Gew. beträgt im grünen Zustande 0.9 bis 1.2, im lufttrockenen 0.6 bis 0.81. Das Schwindmaß beträgt in der Achse 0.2, in der Richtung des Halbmessers 2.6 und in der Sehne 7 bis 11 v. H. Die Druckfestigkeit beträgt 320 bis 600 kg/qcm, die Zugfestigkeit 223 bis 1450 kg/qcm, die Biegungsfestigkeit 600 bis 1000 kg/qcm, die Scherfestigkeit parallel zur Faser 65 bis 85 kg/qcm, senkrecht zur Faser 290 bis 390 kg/qcm, die Elastizitätsgrenze 160 bis 245 kg/qcm.

Die Rotbuche findet sich südlich bis Sizilien, allerdings nur im Gebirge, nördlich bis Schweden und Ostpreußen, sie geht im Harz bis zu 600 m Höhe, im Erzgebirge bis 1000 m, in den Alpen 1300 bis 1700 m und in den südeuropäischen Gebirgen fast bis 2000 m hoch. Sie verlangt einen mineralkräftigen, am besten kalkreichen Boden, Trockenheit und stagnierende Nässe wirken ungünstig, weshalb die Buche auch auf Sandboden, Kalkboden, Heideboden, Moorboden und Aueboden nicht fortkommt. Der Anspruch an Luftfeuchtigkeit ist mäßig und an Licht gering, da die Buche eine Schattenholzart ist, sie verlangt aber ziemlich viel Wärme und ist empfindlich gegen Spätfrost.

Der Götterbaum (Ailanthus glandulosa) hat gelblichen Splint und grau-orangefarbigen Kern, das Holz ist schwer, hart, schwerspaltig und hat eine atlasglänzende Farbe. Es findet namentlich zu Tischler- und Galanteriearbeiten Verwendung. Der Baum ist zwar in China heimisch, gedeiht aber auch in Mittel- und Südeuropa sehr gut, in Österreich wird er vielfach zum Aufforsten von Karstböden verwendet.

Die Esche (Fraxinus excelsior), Weißesche (Fraxinus monophila) hat einen hellbraunen Kern und gelblichweißen Splint, zwischen beiden findet sich helleres Reifholz. Das Holz ist schwer, hart, glänzend, schwerspaltig, zähe, fest, biegsam und wirft sich nur wenig. Es zeigt eine schöne Maserung. Die Verwendung ist sehr vielseitig, zu Tischler- und Drechslerarbeiten, für Deichseln, landwirtschaftliche Geräte, Axtstiele, Lanzenschäfte, Peitschen- und Spazierstöcke, für Fourniere, im Eisenbahnwagenbau, für Radzähne, Werkzeugstiele, Sportgegenstände und in der Technik.

Das Eschenholz ist zu den mittelschweren Holzarten zu zählen, sein spez. Gew. beträgt im grünen Zustande 0.70 bis 1.14, im lufttrocknen 0.54 bis 0.94. Das Schwindmaß beträgt in der Achse beim jungen Holz 0.18 bis 0.821, beim alten 0.185, in der Richtung des Halbmessers beim jungen Holz 4.05, beim alten 3.84, in der Sehne beim jungen Holz 2.5 bis 11.0, beim alten 7.92 v. H. Die Druckfestigkeit ist 440 kg/qcm, die Zugfestigkeit 1340 kg/qcm, die Biegungsfestigkeit 700 bis 1100 kg/qcm, die Scherfestigkeit parallel zur Faser 65 bis 85 kg/qcm, senkrecht zur Faser 290 bis 390 kg/qcm, die Elastizitätsgrenze 160 bis 245 kg/qcm.

Die Ansprüche an den Boden sind sehr groß, die Esche verlangt Aueboden, oft sogar mit stagnierender Nässe, an Wärme stellt sie geringere Anforderungen, ist aber gegen Spätfröste sehr empfindlich. Die Anforderungen an Licht sind ebenfalls sehr groß. Die Esche ist bis nach Norwegen verbreitet, weiter nördlich entwickelt sie sich nur noch zur Strauchform, die Hauptverbreitungsländer sind die Ostseegebiete und die ungarische Tiefebene.

Die Eberesche oder der Vogelbeerbaum (Sorbus acuparia) hat einen gelblichweißen Splint und bräunlichen Kern; das Holz ist geflammt, hart, fest und schwerspaltig, es findet im Wagenbau und als Gerbmaterial Verwendung. Der Vogelbeerbaum findet sich in ganz Europa bis zum Nordkap und ist durchaus frosthart, er kommt infolgedessen auch viel in unseren Mittelgebirgen vor, bildet aber selten Bestände. Die Ansprüche an den Boden sind gering, er kommt sogar auf Moorboden fort, stellt aber viel Ansprüche an das Licht.

Von höherem Wert ist die zahme Eberesche oder der Sperberbaum (Sorbus domestica), der besonders in Südeuropa bis zur Nordgrenze der Alpen vorkommt und dort kultiviert wird. Der Sperberbaum ist anspruchsvoller, er wird aber größer und älter, das Holz ist dauerhafter und hat auch einen höheren Brennwert.

Ähnlich ist auch die Elsbeere (Sorbus torminalis), die ein sehr wertvolles politurfähiges Tischlerholz liefert, das auch sehr elastisch ist. Die Elsbeere, die in Mittel- und Südeuropa vorkommt, stellt sehr große Ansprüche an den Boden und an Licht, sie ist ein ausgesprochener Kalkbaum.

Die Ebereschenarten gehören zu den mittelschweren Hölzern und haben ein spez. Gew. von 0.87 bis 1.13, im lufttrockenen Zustand 0.69 bis 0.89.

Der Elsbeerbaum hat einen weißlichen Splint und ledergelbes bis braunrotes Kernholz, es ist schwer, dicht, fest, schwerspaltig und sehr dauerhaft. Die Elsbeere ist ein Reifholzbaum, dessen Holz vornehmlich zu Maschinenteilen, Modellen und Instrumenten verwendet wird.

Die Ulme oder Rüster (Ulmus campestris), die Weißrüster (Ulmus effusa) und die Waldulme (Ulmus monana) haben braunroten Kern und gelbweißen Splint, das Holz ist hart, schwer, fest, sehr zähe, elastisch, schwerspaltig und sehr dauerhaft, mitunter auch schön gemasert und schwindet sehr wenig. Die Ulmen sind Kernreifholzbäume. Das Holz wird verwendet zu Radfelgen, Naben, gebogenen Radteilen, Flintenschäften, Drechslerwaren, Pfeifenköpfen, Achsen, Hammerwellen, Radkämmen usw.

Das spez. Gew. beträgt im grünen Zustande 0.78 bis 1.18, im lufttrockenen 0.56 bis 0.83. Das Schwindmaß beträgt in der Achse 0.014 bis 0.124, in der Richtung des Halbmessers 1.2 bis 2.94 und in der Sehne 2.7 bis 6.22 v. H. Die Druckfestigkeit ist 236 bis 540 kg/qcm, die Zugfestigkeit 180 bis 1040 kg/qcm, die Biegungsfestigkeit ist gering, die Scherfestigkeit parallel zur Faser 60 kg/qcm, senkrecht zur Faser 279 kg/qcm, die Elastizitätsgrenze 145 bis 220 kg/qcm.

Die Ulme ist in Europa bis zum südlichen Schweden verbreitet, vorwiegend südlich der Alpen, besonders in Auen und Ebenen. In den Gebirgen findet sie sich nicht über 500 bis 600 m Höhe. Die Ansprüche an den Boden und an die Wärme sind sehr hoch, mäßig dagegen an Licht.

Die Eiche, und zwar die Stiel- oder Sommereiche (Quercus pedunculata), die Stein- oder Wintereiche (Quercus sessiflora), die Burgundereiche (Quercus cerris) und die spanische Eiche (Quercus suber, Quercus occidentalis). Das Holz der drei ersten Arten ist hellgraubraun, großporig und sehr hart, schwer, leichtspaltig, grob und außerordentlich dauerhaft, es wirft sich und reißt leicht. Die Eichen sind Kernholzbäume. Das hochwertige Holz findet vielseitige Verwendung zu Eisenschwellen, Möbel, Weinfässern, als Bauholz, im Wagenbau, Mühlenbau, im Wasserbau, Schiffbau, in der Technik usw. Das Holz der spanischen Eiche ist nicht besonders wertvoll, der Baum liefert aber den in Technik und Baugewerbe vielfach verwendeten Kork.

Das Eichenholz zählt zu den schweren Hölzern, sein spez. Gewicht ist im grünen Zustande im Mittel 1.1, im lufttrockenen Zustande im Mittel 0.86. Das Schwindmaß beträgt beim jungen Holz in der Achse 0.4, in der Richtung des Halbmessers 3.90, in der Sehne 7.55; beim alten Holz in der Achse 0.13, in der Richtung des Halbmessers 3.13 m, in der Sehne 7.78 v. H. Die Druckfestigkeit ist 345 bis 510 kg/qcm, die Biegungsfestigkeit 230 bis 1250 kg/qcm.

Die Eiche ist in Europa bis zum 65° nördl. Breite heimisch, besonders in den unteren Donauländern, vorwiegend in der Ebene. Die Ansprüche an den Boden sind groß, da sie Aueboden verlangt, an Luftfeuchtigkeit dagegen gering, an Wärme zimlich groß. Die Eiche ist empfindlich gegen Spätfröste, sie verlangt viel Licht. Die Steineiche stellt etwas geringere Ansprüche, sie steigt in den Gebirgen bis zu 300 m Höhe. Das Holz der Korkeiche oder spanischen Eiche hat nur Brennwert, der Baum liefert aber den wertvollen Kork.

Die Kirsche (Prunus avium, Prunus cerasus), Steinweichsel (Prunus mahaleb), Schlehdorn (Prunus spinosa) hat hellgelbbraunen Kern und rötlichweißen Splint. Das Holz ist schwer und schwerspaltig, stark schwindend. Die Kirschen sind Kernholzbäume. Das Holz findet Verwendung für feine Möbelarbeiten, Drechslerholz, Pfeifenröhren. Ähnlich ist der Weichsel, dessen Holz im Kern hellbraun und im Splint rötlichweiß ist, die Verwendung ist ähnlich wie beim Kirschenholz.

Der Hagedorn oder Weißdorn (Crataegus oxyacantha) hat ein dem Birnbaum ähnelndes Holz, das sehr hart und fest ist und für Drechslerarbeiten, zu Hammerstielen, Radkämmen und für Spazierstöcke Verwendung findet.

Der rote Hartriegel (Cornus sanguinea) und die Kornelkirsche (Cornus mas) haben rötlichweißen Splint und tief rötlichbraunen Kern, das Holz ist sehr hart, schwer, fest, zähe und fein, es findet Verwendung für Hammerstiele, Radkämme und kleinere Drechslerarbeiten.

Das Fliederholz (Syringa vulgaris) hat gelblichweißen Splint und braun- bis rotviolett gewässerten Kern, das Holz ist hart, schwer, sehr fein, zähe, elastisch und findet Verwendung in der Stock- und Schirmfabrikation, für kleinere Drechsler-, Tischler- und Einlegearbeiten.

Der Hickorybaum (Carya alba) hat bräunlichen Kern und gelblichweißen Splint. Das Holz ist sehr schwer, hart, zähe, elastisch und dauerhaft, es wird für Wagenbauzwecke, Radspeichen, Radfelgen, Werkzeugstiele und ähnliche Gegenstände verwendet.

Die Edelkastanie (Castanea vesca) ähnelt im Holz der Eiche und findet Verwendung als Bauholz, im Wasserbau, zu Faßdauben und gebogenen Möbeln.

Der Pflaumen- oder Zwetschenbaum (Prunus domestica) hat einen braunroten Kern und gelblichweißen Splint mit welligen Jahresringen, das Holz ist hart und schwer, aber nicht dauerhaft und reißt stark. Es findet als Drechsler- und Tischlerholz Verwendung.

Das Teakholz (Tectonia grandis) hat braunes Kernholz und einen hellbraunen Splint. Das Holz ist hart und schrumpft nicht, es findet Verwendung für Schiffbauzwecke und ist das wertvollste aller Hölzer. Das spez. Gew. beträgt im lufttrockenen Zustande etwa 0.90, es besitzt die außerordentlich hohe Biegungsfestigkeit von 1064 kg/qcm. Teakholz wird auch als indische Eiche bezeichnet, es ist eines der wichtigsten Hölzer im Schiffbau, da es vom Bohrwurm und auch von Termiten nicht angegriffen wird. In den meisten Tropenländern ist es der wichtigste Aufforstungsbaum.

Der Walnußbaum (Juglans regia) hat einen braunen, gewässerten Kern und grauweißen Splint. Das Holz ist großporig, hart, schwer und leicht spaltbar, im Trockenen sehr dauerhaft. Es findet besonders für wertvolle Zwecke Verwendung, also zu Möbeln, Drechslerarbeiten, Gewehrschäften und liefert einen Farbstoff für Braunbeize. Wenn man vom Walnußbaum Nutzholzerzeugung erwartet, dann muß man auf Fruchternte verzichten, denn reiche Ernte verlangt einen Freistand des Baumes.

Die Platane oder Sykomore (Platanus occidentalis und Platanus orientalis) ist im Holz rötlichweiß, im Radialschnitt glänzend, hart und schwer. Das Holz splittert leicht und ist im Freien wenig beständig, es findet für Möbel und Galanteriewaren Verwendung.

Die Erlen, und zwar die Schwarzerle (Alnus glutinosa) und Weißerle (Alnus incana) sind im Splintholz rötlichgrau. Das Holz ist weich, leicht, leichtspaltig, unter Wasser sehr dauerhaft und hat oft eine sehr schöne Maserung, es schwindet nur mäßig. Es findet Verwendung zu Wasserbauten, im Grubenbau, als Drechslerholz, für Einlegearbeiten, Bleistiftfassungen, Zigarrenkisten und als Modellholz.

Das spez. Gew. der Erle beträgt im grünen Zustand 0.63 bis 1.01, im lufttrockenen 0.42 bis 0.68. Das Schwindmaß beträgt in der Achse 0.369, in der Richtung des Halbmessers 2.91 und in der Sehne 5.07 v. H.

Die Ansprüche der Schwarzerle an Licht sind groß, an Wärme dagegen gering. Sie ist empfindlich gegen Trockenheit und gedeiht am besten nahe dem Grundwasser, weshalb sie die Ebene bevorzugt und besonders an Flußläufen zu finden ist; im Bergland ist sie nicht so häufig, findet sich aber bis nach Norwegen hin.

Die Weißerle ist im mittleren und nördlichen Europa verbreitet und gedeiht in den Alpen bis zu 1600 m Höhe, sie kommt auch auf trockenem Kalkboden gut fort und eignet sich zu Ödlandaufforstungen.

Die Weiß-, Hain- oder Hagebuche (Carpinus betulus) hat einen gelblichweißen Splint. Das Holz ist hart, schwer, schwerspaltig, im Trocknen sehr dauerhaft. Es findet Verwendung zu Wagenrädern, Felgen, Haushaltgegenständen, für wirtschaftliche Geräte, Holzstifte, Radzähne und ist sehr widerstandsfähig gegen Stoß. Das Weißbuchenholz gehört zu den mittelschweren Holzarten und hat im grünen Zustande ein spezifisches Gewicht von 0.92 bis 1.25, im lufttrockenen von 0.62 bis 0.82. Das Schwindmaß beträgt in der Achse 0.4, in der Richtung des Halbmessers 6.66 und in der Sehne 10.3 v. H.

Die Weißbuche ist über ganz Mitteleuropa verbreitet und ist ein Baum der Ebene und des Hügellandes, sie findet sich im Harz bis zu 400 und in den Alpen bis zu 900 m Höhe. Die Ansprüche an den Boden sind ähnlich wie bei der Rotbuche, sie kann aber Moorboden nicht vertragen, die Ansprüche an Wärme sind geringer als bei der Rotbuche. Die Weißbuche ist eine Schattenholzart, gegen Frost ist sie empfindlich, ebenso gegen Graswuchs und Hitze.

Die Linde, und zwar die Winterlinde (Tilia parvifolia) und die Sommerlinde (Tilia grandifolia) hat rötlichweißes Reifholz und weißen Splint. Das Holz ist sehr weich, leicht und leicht spaltbar, wenig dauerhaft, wirft sich wenig, schwindet aber stark. Die Verwendung besteht in der Hauptsache zu Schnitzereien, Hutformen, im Möbelbau, zu Holzschuhen, Spielwaren, Modellen, Zeichenbrettern, der Bast findet ebenfalls vielseitige Verwendung.

Die Linde ist in fast ganz Europa verbreitet, außer in Rußland im Gebirge, geht sie nicht über 600 m hoch. Die Ansprüche an Boden, Wärme und Licht sind nur mäßig. Sie bildet keine größeren Bestände.

Echtes Mahagoni oder Acajouholz (Swietania mahagoni) ist ziemlich schwer, hart und schwerspaltig, die Farbe ist rötlichgelb bis dunkelbraun, schlicht, gewellt, gefleckt, geflammt und gemasert. Es ist eines der wertvollsten Tischlerhölzer und findet viel Verwendung für Fourniere, photographische Apparate und chemische Wagen. Ähnlich im Holz und in der Verwendung sind Madeiramahagoni oder Cailcedraholz (Khaya senegalensis), Australisches

Mahagoni (Blue gum), das zu den weiter unten ausführlich erwähnten Eucalyptusarten gehört.

Blauholz oder *Campecheholz* (Haematyxilon campechianum) ist hart, fein und von blutroter bis violetter Farbe. Es findet Verwendung zu Violinbogen, als Drechslerholz und als Farbholz zum Blau- und Schwarzfärben.

Ein anderes Farbholz ist *Fernambukholz* (Caesalpina echinata), das hart, schwer, zähe und von gelbroter bis dunkelvioletter Farbe ist. Es wird zu Tischler- und Drechslerarbeiten und als Farbholz zum Rotfärben verwendet.

Das *Sappan*- oder unechte *Sandelholz* (Caesalpina sappan) ist ein rotes Farbholz, auch das rote Sandelholz (Pterocarpus santalinus) dient als rotes Farbholz, außerdem aber auch als feines Kunstholz, es ist hart, schwer, dicht und von roter bis schwarzer Farbe.

Der *Birnbaum* (Pirus communis) hat ein rötlichbraunes, ziemlich hartes Holz, das schwerspaltig und im Trockenen wenig dauerhaft ist, es schwindet auch ziemlich stark und findet Verwendung zu Drechsler- und Schnitzarbeiten, Druckformen, Werkzeugen, Hobelkästen und schwarz gebeizt auch als Ersatz für Ebenholz.

Der zur selben Familie gehörende *Apfelbaum* (Pirus malus) hat einen dunkelbraunroten Kern und hellbraunen Splint. Das Holz ist etwas hart, schwerspaltig und nur wenig dauerhaft, es wird für billige Spielwaren und Schnitzereien verwendet.

Die *Roßkastanie* (Aesculus hippocastaneum) hat ein weißes, feines, Splintholz, es ist weich und leichtspaltig, aber nicht dauerhaft, es wird besonders zu Holzschuhen verwendet.

Das schwarze *Ebenholz* (Disiporus ebenum) ist ein sehr wertvolles Holz, das im Splint weiß, im Kern aber schwarz ist. Das Holz ist sehr hart, schwer und ohne jegliche Maser. Es wird als wertvollstes Möbelholz, Drechslerholz und für musikalische Instrumente verwendet.

Das *Pockholz* oder *Guajaholz* (Guajakum offincinale) ist besonders wertvoll für die Technik. Es hat einen grünlichen bis grünlichschwarzen Kern und ist sehr hart und schwer. Pockholz ist nicht spaltbar, aber sehr dauerhaft, es schwindet und reißt nicht, es wird im Maschinenbau besonders für wassergeschmierte Lager verwendet und zur Herstellung der Kegelkugeln.

Eine große Rolle als Nutzholz spielen auch die Eucalyptusarten, die vornehmlich aus Australien stammen und zu den raschwüchsigsten Nutzholzarten gehören. Es gibt zahlreiche Arten dieser Familie, die in Australien etwa $^4/_5$ der Wälder ausmachen. Die Anforderungen der Eucalyptusarten an den Boden sind nun durchaus nicht so hoch, daß ihre Anpflanzung und Kultur nicht auch in anderen Gegenden möglich wäre. Man findet sie auch bereits in Indien, Brasilien und Argentinien, aber auch die Mittelmeerländer bieten ihnen auskömmliche Bedingungen, da sie in allen gemäßigten Zonen gedeihen. Die meisten Eucalyptusarten können aber keine starken Fröste und heftigen Stürme vertragen.

Als Nutzhölzer kommen besonders folgende Arten in Frage: Der blaue Gummibaum (Eucalyptus communis), der aus Tasmanien und dem Südwesten Australiens stammt, wo er bis zu 80 m hoch wird. Er findet sich auch in Brasilien, wird dort aber nur etwa 40 m hoch, allerdings bei erheblicher Dicke, die bis über 1 m beträgt. Außerdem findet er sich in großen Anpflanzungen in Algier und in Südeuropa, er zeichnet sich durch seine große Raschwüchsigkeit aus, denn er ist in drei Jahren schon etwa 5 m hoch. Er stellt sehr große Ansprüche an Bodennässe und -feuchtigkeit, so daß er sumpfige Gegenden bevorzugt und zur Trockenlegung und Nutzbarmachung solcher Strecken geeignet ist. Die Pflanze akklimatisiert sich sehr leicht und kann bis zu 5° Kälte vertragen. Das Holz ist ziemlich wertvoll, denn es ist dicht, hart und widerstandsfähig, spaltet und splittert aber im trockenen Zustande leicht. Die Rinde und die Blätter zeichnen sich durch großen Gerbstoffgehalt aus.

Eine andere frostharte Art ist Eucalyptus corynocalyx, der bis zu 80 m hoch wird und eine Dicke bis zu 2 m erreicht. Der Baum hat an den Zweigen eine rote und am Stamme eine weiße Rinde. Das Holz ist besonders wertvoll zu Wasserbauten und zu Bauten in feuchten Böden, da es sehr widerstandsfähig gegen Fäulnis ist. Der Baum ist anspruchslos, frosthart und schnellwüchsig.

Der rote Gummibaum oder Redgum (Eucalyptus rostrata) ist langsamwüchsiger als die beiden bisher aufgeführten Arten, aber immer noch viel raschwüchsiger als die einheimischen Nutzhölzer. Er ist ebenfalls frosthart und stellt an Bodennässe und Feuchtigkeit nicht so hohe Anforderungen, so daß er auch zur Kultur auf trockenen Böden geeignet ist und viel an Stelle von Eucalyptus communis angebaut wird. Der Baum wird nicht so hoch wie dieser, das Holz ist nach der Fällung zunächst rot, verliert aber diese Farbe bald wieder. Das Holz ist dunkelbraunrot, dicht und rauh, es findet zu groben Zimmerarbeiten, Eisenbahnschwellen, Telegraphenstangen und zu Holzpflaster Verwendung.

Jarrah (Eucalyptus marginata) findet sich in den südlichen Gegenden Australiens und bildet dort große Wälder. Er wird nur wenig über 30 m hoch und steht mit Vorliebe auf trockenem Boden, so daß er langsamwüchsiger als alle anderen Arten ist. Sein Holz ist sehr hart, spröde, dichtharzig und von rötlicher bis dunkelroter Färbung, es besitzt oft dunkel- oder rötlichbraune Zonen. Das Holz wird in der Hauptsache zu Wasserbauten, Eisenbahnschwellen, Telegraphenstangen, Untergrundbauten, Straßenpflaster usw. verwendet und ist ein sehr wertvolles Bauholz, zumalen es eine sehr große Widerstandsfähigkeit besitzt und von Insekten nicht angegriffen wird.

Karri (Eucalyptus versicolor) findet sich in den gleichen Gegenden und auf gleichem Boden wie der Jarrah, er wird aber bis zu 120 m hoch. Der Karri ist sehr raschwüchsig und hat ein rotes, elastisches Holz von großer Härte und Dichte. Das Holz ist sehr zäh, fest und leicht spaltbar. Seine hauptsächlichste Verwendung findet es zu Schiffbauten, Masten, Straßenpflaster, Rädern usw. Diese Art ist auch in Brasilien kultiviert worden, liefert aber kein so wertvolles Holz wie in der eigentlichen Heimat.

Eine ganze Reihe von Eucalyptusarten faßt man unter dem Namen Ironbark zusammen. Hierher gehören Eucalyptus paniculata, E. cebra, E. siderophoria und E. sideroxylon. — Diese Arten unterscheiden sich alle im Holz nur wenig voneinander. Das Holz ist dunkelrot, dicht und schwer. Es findet in der Hauptsache Verwendung als Bauholz, zu Holzpflaster, für Pfähle, Wasserbauten und Ingenieurbauten.

Black Ironbark (Eucalyptus leucoxylon) hat ein weißliches bis bräunliches, dichtes, hartes, festes und zähes Holz, das in der Hauptsache zu Eisenbahnschwellen, Telegraphenstangen, Bohlen und Balken Verwendung findet.

Blackbutt, Flintwood oder Mountainash (Eucalyptus pilularis, E. patens) wächst sehr schnell und liefert ein Holz von gelblicher bis brauner Farbe. Das Holz ist leichtspaltig, hart, zähe, fest und sehr haltbar, so daß es besonders zu Bauholz, Eisenbahnschwellen, Telegraphenstangen und Pflasterholz geeignet ist.

Tallowwood (Eucalyptus microcornis) hat ein hell- bis dunkelgelbes Holz, das wie fast alle Eucalyptusarten fest, hart, schwer und haltbar ist. Die Hauptverwendung findet es im Bootsbau, aber auch zu Bauholz und Holzpflaster.

Forest Mahagoni (Eucalyptus resinifera) hat ein tiefrotes Holz von großer Dichtheit und läßt sich leicht bearbeiten, es findet daher viel Verwendung zu Tischlerarbeiten, aber auch für Pfosten, Türschwellen, Kniehölzer im Schiffbau und ähnliche Arbeiten.

Unter Redgum versteht man nicht nur den bereits erwähnten Eucalyptus rostrata, sondern auch Eucalyptus tereticornis und Eucalyptus calophylea. — Diese letzteren beiden Arten liefern ein hell- bis dunkelrotes Holz von großer Härte, Schwere und Festigkeit. Das Holz wird im Hausbau, Schiffbau, zu Stellmacherarbeiten, für Telegraphenstangen und zu Pflasterarbeiten verwendet.

Blue gum, zu denen Eucalyptus saligna und Eucalyptus gobulus gehören, haben ein hell- bis dunkelrotes Holz, das ebenfalls hart, schwer und fest ist und zu Wagnerarbeiten, im Schiffbau, zum Hausbau und zu Pflasterarbeiten verwendet wird.

White gum oder Gray box (Eucalyptus goniocalix) hat ein dunkelgelbes bis braunes Holz und zeichnet sich durch große Härte und Zähigkeit aus, es ist schwerspaltig. — Man verwendet es vornehmlich zu Wagnerarbeiten, zu Bauholz, zu Eisenbahnschwellen und im Schiffbau.

Bastard Mahagoni (Eucalyptus botryoides) ist im Holz dunkelrot bis braun. Das Holz ist sehr haltbar, hart, dicht, zähe und leicht zu bearbeiten. Das Hauptverwendungsgebiet ist der Wagen- und Waggonbau und der Hausbau.

Wollybutt (Eucalyptus longifolia) liefert ein rauhes Holz, das nur zu Pflasterarbeiten Verwendung finden kann, sonst aber keinen großen Wert besitzt, trotzdem es sehr widerstandsfähig ist.

Tuart (Eucalyptus gomphocehala) liefert ein wertvolles Holz. Einige Bedeutung haben außerdem noch Wandoo, mitunter auch als White gum bezeichnet (Eucalyptus redunca), York gum (Eucalyptus loxophebla) und Yate (Eucalyptus cornuta).

Die physikalischen und mechanischen Eigenschaften des Holzes.

Für die Eignung und Verwendbarkeit des Holzes sind nun die physikalischen und mechanischen Eigenschaften von großer Bedeutung. Die physikalischen Eigenschaften setzen sich zusammen aus:

1. Farbe.
2. Stoffen, welche den Geruch beeinflussen.
3. Klang.
4. Spezifischem Gewicht.
5. Härte.
6. Wassergehalt.

Die mechanischen Eigenschaften sind:

1. Die Elastizität.
2. Die Festigkeit.

Die Farbe des Holzes rührt von gefärbten Pigmenten her und ist nicht nur ein wichtiges Unterscheidungsmerkmal, sondern beeinflußt auch Güte und Verwendbarkeit des Holzes in weitestem Maße. Jede Holzart hat nun eine besonders kennzeichnende Färbung, es zeigen sich aber auch hier Unterschiede, die durch das Alter, den Standort und das Klima nicht unerheblich beeinflußt werden. Meist ist die Färbung des Holzes bei den älteren Bäumen dunkler als bei jüngeren. Wenn das Holz gesund ist, dann zeigt es stets eine gleichmäßige Färbung, die um so frischer ist, je geeigneter die Wachstumsverhältnisse für den Baum waren. Das Kiefernholz z. B., das in höheren Lagen gewachsen ist, hat eine rötlichere Färbung als das in der Ebene gewachsene, das in größeren Höhen gewachsene ist fester und schwerer, das in der Ebene gewachsene dagegen meist schwammiger und harzreicher.

Am hellsten ist stets das Splintholz, das je nach den Verhältnissen weiß, gelblich, rötlich bis grünlich ist. Das Reifholz ist dunkler, noch dunkler das Kernholz, dessen Farbe für die Beurteilung ausschlaggebend ist. Oft findet sich eine dunklere Färbung des Sommerholzes, die auf der größeren Dichtigkeit beruht, da hier auf die Flächeneinheit mehr Farbstoff als beim Winterholz verteilt ist. Am auffälligsten ist das bei dem Holze des Walnußbaumes, das ein dunkelbraunes Kernholz hat, während das Splintholz grau ist, bei dem Eichenholz, dessen Kernholz hellbraun ist, bei dem Zedernholz, das ein braunrotes Kernholz hat und beim Ebenholz mit schwarzem Kernholz und fast weißem Splintholz.

Durch die Einwirkung der Luft dunkelt das Holz nach, Sonnenbeleuchtung und Feuchtigkeit lassen die dunkle Färbung tiefer in das Holz eindringen. Unnormale Verfärbungen des Holzes lassen auf nachteilige und schädliche Einflüsse schließen, besonders die blaue und schwarzblaue Färbung der im Safte gefällten Nadelholzbäume.

Der Geruch des Holzes wird durch keinerlei Bestandteile des Holzes selbst hervorgerufen und beeinflußt. Jede Holzart weist einen kennzeichnenden Geruch auf, der sich an der Luft verändert oder auch nur abschwächt. Gewisse Holzarten, wie z. B. die Zeder und einige Fichtenarten, behalten diesen Geruch jedoch sehr lange fast unverändert bei. Meist hat das Kernholz einen stärkeren Geruch als das Splintholz, bei der Eiche zeigt sich das durch den auffallenden Gerbsäuregeruch, bei den meisten Nadelholzbäumen durch Harzgeruch. Muffig oder dumpf riechendes Holz ist krank und faul.

Man kann auch durch den Klang das Holz in gewisser Beziehung auf seine Güte beurteilen, wenn ein auf einen stehenden Stamm geführter Schlag einen dumpfen Klang gibt, dann kann man meist mit Sicherheit auf krankes Holz im Inneren schließen. Ein Schlag auf ein dünnes Holzstück erzeugt einen Klang, der in seiner Art und Höhe von der Holzart abhängig ist. Die Höhe des Tones hängt wieder von der Elastizität des Holzes ab, je elastischer und schwerer es ist, desto tiefer ist der Ton. Fehlerhaft gewachsenes Holz mit sehr verschieden breiten Jahresringen und solches, bei dem Frühjahrs- und Sommerholz in Menge und Gefüge sehr verschieden voneinander sind, zeigen einen Klang gar nicht oder nur sehr schwach. Die Laubhölzer zeichnen sich besonders dadurch aus, daß sie einen viel unregelmäßigeren Bau, größere Porosität und viele starke Markstrahlen aufweisen, so daß sie als Resonanzholz unbrauchbar sind. Hierfür verwendet man fast nur Nadelhölzer, die aber ganz trocken, harzarm, fehlerfrei gewachsen, astrein und feinringig sein müssen. Am besten geeignet ist hierfür das Fichten- und Tannenholz aus Tirol, dem Bayrischen- und Böhmerwald, das die erforderlichen Eigenschaften in hohem Maße besitzt. Die Seitenwände der Musikinstrumente werden vielfach aus Ahornholz von großer Härte und Elastizität hergestellt.

Das spezifische Gewicht, die Schwere oder das Raumgewicht des Holzes ist zum größten Teil von der Dichtheit des

Gefüges abhängig. Wertvolle Hölzer sind in den meisten Fällen auch dicht und schwer, Bodenverhältnisse und Klima haben hierauf allerdings einen großen Einfluß. Je südlicher das Holz gewachsen ist, desto dichter und schwerer ist es im allgemeinen, auf leichtem Boden wächst meist nur leichtes Holz. Im grünen Zustande ist das Gewicht des Holzes größer als im lufttrockenen, grünes Fichtenholz sinkt sehr schnell im Wasser unter, da die Poren noch mit Saft und Wasser gefüllt sind, wohingegen das Holz von Kernholzbäumen sehr lange auf dem Wasser schwimmt, da sich infolge des dichten Gefüges die Zellen nur sehr langsam mit Wasser füllen. Alle Hölzer aber, die dickwandige Zellen haben, sinken sehr schnell unter, gleichviel ob das Holz grün oder trocken ist.

Das Gewicht des Holzes ist also in der Hauptsache abhängig von folgenden Umständen: Die Holzmasse, die sich für eine bestimmte Holzart nie ändert und der Wasserinhalt, der auch beim lebenden Baume schwankt und sich durch Trocknen zum Teil entfernen läßt. Vergleiche kann man also nur aufstellen, wenn man die Hölzer gleichmäßig bis zu einem gewissen Grade trocknet.

Im Handel und in der Technik wird nun beim Holze zwischen Frisch- oder Grüngewicht, Darrgewicht und Lufttrockengewicht unterschieden. Beim Frischgewicht hat das Splintholz etwa 50 v. H. Wasser, das Kernholz nur etwa 15 v. H. Unter Darrgewicht versteht man das Gewicht des bei 110° C getrockneten Holzes, beim Lufttrockengewicht hingegen hat das Holz nur etwa 10 bis 15 v. H. Wasser.

Für den Handel kommt lediglich das Lufttrockengewicht in Frage. Es ist zur Beurteilung der Hölzer von großer Bedeutung und oft auch für die Unterscheidung der Holzarten. Das Raumgewicht einer Holzart kann man entweder aus dem Gewicht sauber bearbeiteter, rißfreier Holzstücke berechnen oder durch Eintauchen in Wasser feststellen, indem man durch besondere Apparate die Menge des verdrängten Wassers feststellt. Man bestreicht zu diesem Zweck dünne scheibenförmige Proben mit Leinöl oder taucht sie in eine Lösung von Paraffin in Benzol, um das Eindringen des Wassers zu verhüten.

Die Zunahme des Gewichtes durch Wasseraufnahme ist verschieden, sie beträgt bei:

Weißbuchenholz	etwa	60 v. H.
Rotbuchenholz	„	63— 99 v. H.
Eichenholz	„	60— 91 v. H.

Erlenholz etwa . . . . 136—163 v. H.
Fichtenholz „ . . . . 70—166 v. H.
Pappelholz „ . . . . . 210 v. H.

Es ist nun zu unterscheiden in sehr leichte, leichte, ziemlich leichte, mittelschwere, schwere und sehr schwere Hölzer. Die Holzfaser an und für sich hat ein spez. Gew. von 1.15.

Sehr leichte Hölzer sind nun:
Fichte, Linde, Schwarzpappel;
leichte Hölzer:
Weißtanne, Kiefer, Roßkastanie, Erle, Weide und Wacholder;
ziemlich leichte Hölzer:
schwedische Kiefer, Ulme oder Rüster, Ahorn, Birke, Lärche, Birnbaum;
mittelschwere Hölzer:
Esche, Apfelbaum, Nußbaum, Rotbuche, Zwetschge, Akazie, Eberesche, Weißbuche, Hickory;
schwere Hölzer:
Pitschpine oder Pechkiefer, Sommereiche, Steineiche, Mahagoni, Berberitze, Eibe und einige Eucalyptusarten.
sehr schwere Hölzer:
Palisander, Grenadilholz, Teakholz, Eisenholz, Ebenholz, Pockholz, Buchsbaum, viele Eucalyptusarten und fast alle tropischen Hölzer.

Die Härte des Holzes wird durch den Widerstand bestimmt, welches sein Gefüge dem Eindringen eines anderen Körpers entgegensetzt. Durch Versuche hat sich nun folgende Skala ergeben, bei der man den Widerstand, den eine gesunde Eiche gegen einen senkrecht zur Achse geführten Sägeschnitt ausübt, mit 1 annimmt: Birke 1.48, Linde 1.81, Weide 1.81, Silberpappel 1.81, Weißbuche 1.81, Rotbuche 0.97, Tanne 0.54, Fichte 0.58 und Kiefer 0.51.

Unter den weichen Hölzern hat man nun solche zu verstehen, bei denen eine Einkerbung von 1.15 mm Tiefe von einer unter 100 kg/qcm betragenden Kraft erzeugt wird, harte Hölzer erfordern dazu eine Kraft von 110 bis 160 kg/qcm, sehr harte Hölzer dagegen eine Kraft von 160 bis 220 kg/qcm.

Sehr weiche Hölzer sind nun: Pappel, Linde und Zirbelkiefer; harte Hölzer: Esche, Ulme, Eiche, Ahorn, Birnbaum, Rotbuche, Nußbaum, Kirschbaum; sehr harte Hölzer: Buchsbaum, Apfelbaum, Hartriegel, Weißbuche, Pockholz, Ebenholz und fast alle tropischen Hölzer.

Aber auch im Stamm eines Baumes ist die Härte des Holzes sehr verschieden, weil das Splintholz weicher als der Kern ist, das nach dem unteren Stammende liegende Holz ist ebenfalls härter als das nach dem oberen Ende zu liegende. Bei vielen Bäumen ist auch das Sommerholz härter als das Frühjahrsholz. Das Trocknen erhöht die Härte des Holzes, während sie durch Feuchtigkeit vermindert wird.

Der Wassergehalt des Holzes kann sich in drei Formen zeigen. Das Wasser bildet über 90 v. H. des Inhaltes der Zellen, im zweiten Falle kann es als sogenanntes hygroskopisches Wasser vorhanden sein, da die Zellen infolge ihrer Wasseraufnahmefähigkeit Wasser aus der Luft aufnehmen, drittens kann es bei dem nicht mehr lebenden Holz das Innere der Zellen ausfüllen. Das Wasser des Zelleninhaltes verdunstet, das hygroskopische Wasser kann man durch Trocknung auf künstlichem oder natürlichem Wege beseitigen. Wenn der natürliche Wassergehalt der Zellen verdunstet ist, dann bezeichnet man das Holz als lufttrocken, wobei es aber immer noch einen gewissen Feuchtigkeitsgehalt von 15 bis 20 v. H. hat, der aber durchaus nicht in allen Teilen des Baumes gleichmäßig ist. Je älter ein Baum ist, desto wasserärmer ist das Holz. Frisch gefälltes Holz hat einen Wassergehalt, der die Hälfte oder auch mehr seines Gesamtgewichtes ausmachen kann. Bei Nadelhölzern beträgt dieser Wassergehalt etwa 57 v. H., bei hartem Laubholz etwa 42 v. H. und bei weichem Laubholz etwa 52 v. H.

Der Wassergehalt gefällter Baumstämme beträgt im waldtrockenen Zustand etwa 25 v. H., beim Schutze gegen Sonnenschein und Nässe vermindert er sich auf 15 bis 20 v. H. Lufttrockenes Nadelholz hat 8 bis 12 v. H., lufttrockenes Laubholz 17 v. H. Wasser. Je härter und dichter die Holzarten sind, desto schwerer geben sie das Wasser ab, desto länger dauert also die Trocknung. Man kann solchem lufttrockenen Holze durch Einlegen in Wasser den gesamten Wassergehalt des frischen Holzes wiedergeben. Wenn man den Wassergehalt des Holzes in Hundertteilen feststellen will, dann schneidet man das zu untersuchende Holz in 2 bis 5 mm starke Scheiben, die man bei 95 bis 98° C so lange trocknet, bis ein höchster Unterschied von 0.3 v. H. im Trockengewicht festzustellen ist.

Die Schwankungen im Feuchtigkeitsgehalte des Holzes haben nun die verschiedensten Einflüsse, es findet ein stetiger Wechsel des Rauminhaltes statt, was man als Arbeiten des

Holzes bezeichnet. Unter diesem Arbeiten des Holzes sind nun verschiedene Veränderungen zu verstehen, die bei der Verwendung des Holzes von Nachteil sind, also das Quellen, Schwinden, Werfen, Reißen, Windschiefwerden.

Das Schwinden besteht nun in einer Volumenverminderung des Holzes durch Trocknen und ist darin begründet, daß die Wandungen der einzelnen Zellen dünner werden, auch die Dicke der Faser verringert sich, während die Länge fast unverändert bleibt und der Hohlraum größer wird. Auf die Größe des Schwindens hat nun die Dicke der Zellenwandungen einen Einfluß, bei Hölzern mit dünnwandigen Zellen tritt nämlich das Schwinden nur in ganz geringem Maße auf. Die Wasseraufnahme der Zellen erfolgt nur durch die Wandungen, die Zelle nimmt also ihre ursprüngliche Größe wieder an, der Zelleninhalt hat aber keine Einwirkung auf diese Größenveränderung. Diese Erscheinung tritt sowohl beim Kern-, als auch beim Splintholz auf.

Diese Veränderung würde nun gleichmäßig sein, wenn der Holzkörper aus ganz oder wenigstens annähernd gleichmäßigen Zellen bestehen würde, da aber die Zellen des Früh- und Spätholzes verschieden und durcheinander angeordnet sind, so äußert sich das Bestreben nach Schwindung in verschiedener Weise. Wenn sich ein Stück Holz in der Breite verkürzt, in geringem Abstande davon aber infolge anderer Zellen die ursprüngliche Breite noch vorhanden ist, dann müßte eine Krümmung der seitlichen Wandungen eintreten, wenn nicht die Starrheit des Körpers dem entgegenwirken würde. Die auftretenden Beanspruchungen verursachen dann die Endrisse eines Stammes oder Holzstückes. Beim Austrocknen des Holzes schrumpfen nun die Markstrahlen ein, aber in senkrechter Richtung ihres Längenverlaufes, also parallel zur Richtung der Holzfaser, es entstehen dadurch nicht immer sichtbare Risse im Holz. In der Praxis spricht man bei Rundholz oder bei vierkantig behauenen Stämmen von Strahlenrissen, die vom Splint nach dem Kern gehen. Bei gewissen Harthölzern, namentlich den Eichen, treten sie vielfach an den Enden auf. Unter der Kernspaltung hat man das oben und unten erfolgende Aufreißen eines aus dem Kernholz geschnittenen Brettes zu verstehen, während Seitenbretter sich von der Seite weg krümmen. Wenn ein gleichmäßiges Schwinden nicht möglich ist oder das Holz aus drehwüchsigen Stämmen geschnitten wurde, dann wird das Brett windschief, indem sich das Holz dreht.

Das Schwinden findet nun beim Splintholz stärker statt, als bei dem Kernholz, jüngeres Holz schwindet ebenfalls mehr als älteres, es kann aber auch vorkommen, daß sehr schweres Kernholz in höherem Maße schwindet als das Splintholz.

Aus dem Wassergehalte kann man nun allerdings keinen Schluß auf das Schwinden des Holzes ziehen, weil das meiste Wasser in den Hohlräumen der Zellen ist. Da die Nadelhölzer einen regelmäßigeren Bau als die Laubhölzer haben, so neigen sie auch weniger zum Schwinden.

Um das Schwinden des Holzes möglichst zu verhüten, da es bei der Verwendung sich als hinderlich erweist, trocknet man bessere Hölzer vor der Verarbeitung auf künstlichem Wege. Auch schon vor dem Fällen kann man das Schwinden des Holzes verringern, indem man nämlich die Stämme im Frühjahr entrindet und dann bis zum Herbst stehen läßt, damit sie austrocknen können. Die gefällten Stämme sollen so aufgestapelt werden, daß sie sich nicht unter sich, aber auch nicht mit der Erde berühren. Es gibt auch künstliche Mittel, die das Schwinden verhüten sollen, so legt man z. B. die Hölzer etwa 8 Tage lang in konzentrierte Salzsäure oder imprägniert sie mit geschmolzenem Paraffin. Im letzteren Falle taucht man sie etwa 5 Minuten bei etwa 165° C in das geschmolzene Paraffin ein und läßt sie abtropfen. Bei größeren Körpern kann man das geschmolzene Paraffin auch so lange aufstreichen, bis es nicht mehr einzieht.

Das Quellen des Holzes besteht darin, daß es durch die Berührung mit Wasser oder auch durch hohe Luftfeuchtigkeit wieder Wasser aufnimmt, und zwar bis zu dem vor dem Trocknen vorhandenen Volumen, beim Trocknen schwindet dann das Holz wieder. Das Splintholz nimmt das Wasser schneller auf als das Kernholz. Bei den in der Praxis üblichen Trockentemperaturen kann nun diese Neigung nicht beseitigt werden, sie könnte wohl bei höheren Temperaturen vollkommen unterbunden werden, da aber bei Temperaturen, die weit über 100° C liegen, schon eine trockene Destillation des Holzes eintritt, so ist diese Handhabung nicht zulässig. Das Holz entwickelt beim Quellen eine ganz außerordentlich große Kraft, die man mitunter zum Spalten von Steinen nutzbar macht. Holz, das beim Schwinden in eine gebogene Form gebracht wurde, setzt dem Wiedergradstrecken einen sehr großen Widerstand entgegen.

Unter der Elastizität oder Federkraft hat man nun das Bestreben, einen festen Körper zu verstehen, die durch äußere

Kräfte veränderte Gestalt nach dem Aufhören der Kräfte wieder herzustellen. Diese Eigenschaft ist nun beim Holze von größter Bedeutung für seine Verwendbarkeit für technische und Bauzwecke. Die Größe der Elastizität hängt von dem anatomischen Bau des Holzes ab und ist somit sehr verschieden, und zwar je nachdem, ob das Holz senkrecht zu seiner Faserrichtung oder in den Jahresringen beansprucht wird, denn am wenigsten elastisch ist das Holz, wenn die Flächen der Jahresringe senkrecht zur Belastung liegen. Auch fehlerhaftes Holz weist nicht die Elastizität des gesunden auf, besonders macht sich das bemerkbar bei Holz, bei dem die Fasern verworfen oder knotig sind. Wenn aber der Knoten auf der Seite liegt, welche die Druckbeanspruchung auszuhalten hat, dann schadet er nicht so viel, als wenn er auf der anderen Seite liegt. Jeder aus dem mittleren Teile eines Stammes geschnittene Balken enthält nun Knoten, ein großer Teil seiner Masse ist schief zur Richtung der Holzfasern geschnitten, so daß diese Balken stets eine geringere Elastizität besitzen als kleine und vor allen Dingen reine Stücke. Schwere Hölzer sind im allgemeinen auch weniger elastisch als leichte. Das kann allerdings nicht als Regel gelten, denn Lärchenholz ist weniger elastisch als Hickoryholz und Eichenholz. Auch der Feuchtigkeitsgehalt hat auf die Elastizität einen großen Einfluß, grünes Fichtenholz hat nur etwa zweidrittel der Elastizität von trockenem. Das am Zopfende eines Stammes gelegene Holz ist elastischer, als das am Stammende liegende, Balken, die sehr viel Spätholz enthalten, sind weniger elastisch. Bei alten Nadelhölzern ist das Splintholz sehr wenig elastisch, währeud es bei harten Hölzern meist umgekehrt ist.

Werden die Hölzer bei hoher Temperatur künstlich getrocknet, dann liegt die Elastizitätsgrenze oft an der Bruchgrenze, es ist das aber auch bei den verschiedenen Holzarten mitunter sehr verschieden, auch der Standort und die Fällungszeit haben hierauf einen Einfluß.

Je dichter nun das Holz ist, desto höher ist sein Widerstand gegen Trennung, das heißt also seine Festigkeit. Deshalb ist das Kernholz auch fester als das Splintholz, was allerdings durch gewisse Umstände wie Kurzfaserigkeit, eingewachsene Äste usw. beeinträchtigt werden kann. Trockenes Holz ist fester als frisches, wie ja überhaupt der Feuchtigkeitsgehalt beim Holz eine große Rolle spielt, wie sich aus den bisherigen Ausführungen und den weiteren noch zeigen wird.

Die Zugfestigkeit des Holzes ist von dem Verlauf der Fasern abhängig, so daß man in eine Zugfestigkeit parallel und quer zur Faserrichtung unterscheiden muß. Die Markstrahlen, die stets einen großen Teil des Holzes ausmachen, besitzen nur etwa den zehnten Teil der Zugfestigkeit der anderen Fasern, mitunter sogar nur den zwanzigsten Teil, sie können also diese Eigenschaft sehr nachteilig beeinflussen.

Die Druck- und Knickfestigkeit des Holzes wird stets auf die Faserrichtung bezogen. Wenn die Belastung zu groß wird, dann werden die Fasern auseinandergerissen und verhalten sich dann wie voneinander unabhängige Stücke, es findet also eine Zerstörung des Holzes statt.

Auf die Biegungsfestigkeit kommen alle diejenigen Eigenschaften des Holzes in Anwendung, welche auch auf die Elastizität einen Einfluß haben, also Feuchtigkeitsgehalt und Trockengehalt. Je härter das Holz ist, desto größer ist auch seine Biegungsfestigkeit. Nicht mit der Biegungsfestigkeit zu verwechseln ist die Biegsamkeit, deren Gegenteil die Sprödigkeit ist. Hickoryholz ist biegsam, Eichenholz aber spröde. Die Biegsamkeit hängt eng mit der Elastizität zusammen, es ist aber damit noch nicht gesagt, daß beim Vorhandensein der einen Eigenschaft auch die andere gegeben sein muß. Eschenholz weist eine außerordentliche Steifigkeit auf, besitzt aber andererseits auch eine große Biegsamkeit. Die harten Hölzer sind ganz allgemein gesagt biegsamer als die weichen, besonders aber als die Nadelhölzer. Auch zwischen Zopf- und Stammende eines Stammes besteht ein Unterschied in der Biegsamkeit. Durch hohen Feuchtigkeitsgehalt wird die Biegsamkeit begünstigt, Verwerfungen vermindern sie, mit Wasserdampf behandeltes Holz nimmt ganz beträchtlich an Biegsamkeit zu.

Die Scherfestigkeit ist beim grünen Holz etwa um ein Drittel geringer als beim trockenen, auch parallel zur Richtung der Jahresringe ist sie geringer als gleichlaufend mit den Markstrahlen. Je leichter das Holz ist, desto geringer ist meist auch seine Scherfestigkeit, je zäher das Holz ist, desto größer ist die Scherfestigkeit.

Der Widerstand gegen Verdrehung, der besonders für die Technik von Bedeutung ist, läßt sich infolge des Fehlens geeigneter Versuche nicht feststellen.

Die Zähigkeit des Holzes ist die Fähigkeit, Stößen und anderen plötzlichen Einwirkungen zu widerstehen, sie ist für die Verwendung als Bauholz und in der Technik von besonders großer Bedeutung. Ein zähes Holz soll eine Zugbeanspruchung von mindestens 100 kg/qcm aushalten können.

Unter dem Widerstand, den die Fasern der seitlichen Trennung durch einen keilförmigen Gegenstand (ein Beil) entgegensetzen, versteht man die Spaltbarkeit, die nicht nur für die Formgebung des Stammes, sondern auch für die Herstellung vieler Holzwaren von Bedeutung ist. Man kann sagen, daß sich saftreiches Holz leichter spalter läßt als trockenes.

Die Fehler und die Krankheiten des Holzes.

Bei den Fehlern und Krankheiten des Holzes hat man zu unterscheiden in Fehler bei noch gesunder Holzfaser und Krankheiten und Fehler, die durch Feinde des Holzes verursacht sind. Auf die letzteren soll in einem besonderen Abschnitt näher eingegangen werden, während die Vorbeugungsmaßregeln und Verhütungsmaßregeln ebenfalls in einem Sonderabschnitt behandelt werden sollen. Die Fehler des Holzes bei sonst noch gesunder Holzfaser sind nun die folgenden:

1. Schwinden oder Schrumpfen.
2. Fehler durch Einwirkung des Frostes.
3. Falscher und doppelter Splint.
4. Astknoten.
5. Druck- oder Rotholzbildung.
6. Drehwuchs.
7. Wellenförmiger Verlauf der Faser.
8. Kropfbildungen und ähnliche Gebilde.
9. Ueberwallung.
10. Einwirkungen atmosphärischer Vorgänge.

Das Schrumpfen oder Schwinden des Holzes, das bereits im vorhergehenden Abschnitte erwähnt wurde, und daß besonders bei der Verwendung des Holzes für technische oder Bauzwecke von Nachteil ist, erzeugt die sogenannten Strahlenrisse, welche von außen nach innen in radialer Richtung verlaufen. Die Kernrisse hingegen folgen den Markstrahlen und treten auch häufig an den Enden der Stämme auf, sie werden dann Strahlenrisse genannt. Diese Risse gehen aber oft nicht bis außen durch und sind vor allen Dingen auch am stehenden Baum nicht sichtbar, machen aber das aus solchen Stämmen geschnittene Holz minderwertig, da die Bretter von oben bis unten durchreißen. Man nennt das dann Kernspaltung.

Die Einwirkungen des Frostes zeigen sich in sogenannten Ringklüften oder Schälrissen. Hierbei werden zwei auf einander folgende Jahresringe, wenn auch nicht in der ganzen Länge, so doch auf ein mehr oder minder grosses Stück auseinander getrennt. Eine ähnliche Erscheinung kann auch durch Stürme und starke Erschütterungen hervorgerufen werden, besonders bei stark im Safte stehenden Bäumen. Man bezeichnet solche Bäume dann als kernschälig oder auch als windschälig. Die entstandenen Risse oder Klüfte wachsen nicht wieder zusammen, sondern vergrößern sich mit dem fortschreitenden Wachstum des Baumes immer mehr. Es ist nun sehr schwer, diesen Fehler am stehenden Baum zu erkennen, mitunter kann man das aber dennoch tun, indem man den Baum an der Südseite von der Rinde befreit und mit dem Rücken einer Axt oder einem anderen stumpfen Gegenstand anschlägt, wenn dann ein dumpfer oder hohler Klang hörbar wird, kann man mit ziemlicher Sicherheit annehmen, daß der Baum kernschälig ist.

Der falsche oder der doppelte Splint, den man auch als Mondring bezeichnet, kennzeichnet sich durch einen Ring von helleren oder weicherem Holz im Kern des Stammes.

Die Astknoten, die sich erst im geschnittenen Holz zeigen, rühren von abgestorbenen und überwachsenen Ästen her. Beim Herausfallen entstehen dann die Astlöcher, mitunter sind aber diese Astknoten mit dem Stammholz fest verwachsen, so daß sie nicht herausfallen können. Angefaulte oder abgebrochene Äste werden auch oft von dem sich neu bildenden Holz überwallt. Bei vielen Laubhölzern sind die ausgewachsenen Fasern viel länger als in der Zone des Wachstums, so daß sie bei gleichzeitiger Krümmung zwischen die oberhalb und unterhalb gelegenen Holzfasern eindringen und so unregelmäßige Zwischenablagerungen im Verlauf der Faserbildung zeitigen. Wenn auch dadurch die Festigkeit des Holzes nicht beeinträchtigt wird, so vermindert sich dadurch doch die Spaltbarkeit sehr beträchtlich. Die Fortsetzung der Fasern an den Astansatzstellen erfolgt in verschiedener Weise an den Ober- und Unterseiten des Astes, denn an der Unterseite ist der Verlauf ununterbrochen, an der Gegenseite dagegen biegen sich die Fasern seitlich, indem sie nicht ohne Unterbrechung in den Ast übergehen und so eine schwache Stelle des Holzes bilden. Durch diesen Verlauf der Fasern erfolgt das Spalten des Holzes nie durch den gebildeten Knoten hindurch, wenn das Holz von der Oberseite her gespalten wird, sondern nur, wenn das von der Unterseite her erfolgt.

Die Druck- oder Rotholzbildung beruht auf exzentrischem Wuchs. Das Mark befindet sich dann nicht mitten im Holze und die Jahresringe sind auf der einen Seite mehr oder weniger auseinander gezogen, solches Holz verzieht sich auch stets nach der Verarbeitung.

Der Drehwuchs kann verschiedene Ursachen haben, meist aber rührt er von Boden- und Windverhältnissen her. Während bei normal und gerade gewachsenem Holz die Fasern annähernd parallel zur Achse des Stammes liegen, findet sich beim Drehwuchs eine spiralförmige oder mehr oder weniger gewundene Verlagerung der Jahresringe. Der Drehwuchs kann nun nach links oder nach rechts gerichtet sein, im ersten Falle nennt man ihn widersonnig, im zweiten dagegen sonnig. Er zeigt sich auch nicht immer durch den ganzen Stamm hindurch, sondern oft nur bei den äußeren Fasern. Besonders oft tritt er auf bei der Fichte, der Tanne, der Ulme, der Kastanie, der Erle und der Kiefer. Das drehwüchsige Holz ist für technische Zwecke unbrauchbar, da es sehr stark dem Werfen und Verziehen ausgesetzt ist, auch für Telegraphenstangen und Eisenbahnschwellen ist drehwüchsiges Holz unzulässig.

Der wellenförmige Verlauf der Fasern findet sich besonders bei der Buche, und zwar sowohl im Radial- als auch im Tangentialschnitt. Beim Ahorn dagegen zeigt sich durch die große Anzahl und die geringe Höhe der Erhöhungen und Vertiefungen ein gekräuselter Verlauf, während bei der Zypresse die Fasern der einzelnen Schichten gegeneinander windschief verlaufen. Das unter der Rinde liegende Holz und die einzelnen Jahresringe haben niemals eine ganz glatte Oberfläche, sondern stets zahlreiche Vertiefungen und Erhöhungen, die aber am Umfange des Stammes nicht gleichmäßig verteilt sind. Diese Unregelmäßigkeiten treten oft als sogenannte Maserbeulen von Jahr zu Jahr während des Wachstums in ständig höherem Maße auf. Am augenfälligsten sind diese Unregelmäßigkeiten beim Zuckerahorn, bei dem sie am Umfang einzelner Jahresringe sehr zahlreich auftreten, aber nur geringe Abmessungen haben. Bei geschnittenen Brettern zeigen sich diese Maserungen dann als kreisförmige Gebilde, die man als Vogelaugenmaserung bezeichnet und die sehr gesucht ist. Ähnliche Erscheinungen finden sich bei der ungarischen Esche. Bei den Fichten, besonders aber bei den Kiefern, finden sich innerhalb der Jahresringe sogenannte Harzgallen, das sind flache mit Harz gefüllte Vertiefungen.

Die Kropfbildungen sind vielfach die Folgen von Verletzungen, an denen sich dann Parasiten ansiedeln. Es entstehen dann ähnliche Gebilde wie bei den Tannen die Krebsbeulen oder die Hexenbesen an den Eichen. Auch durch abgebrochene Äste entstehen vielfach an den lebenden Bäumen Beulen, wie die Harzbeulen der Fichten.

Die Überwallungen entstehen dadurch, daß durch Wildverbiß oder andere mechanische Einflüsse das Splintholz in größerem Umfange freigelegt wird. Sind diese Verletzungen sehr groß, dann tritt Fäulnis der freigelegten Holzschichten ein, kleinere Verletzungen dagegen haben wohl einen gestörten Faserverlauf zur Folge, werden aber durch Überwallungen geschlossen und beeinträchtigen den Wert des Holzes meist nur wenig.

Die Einwirkung der atmosphärischen Einflüsse zeigt sich in verschiedener Weise. Bei dünnrindigen Bäumen, wie z. B. den Buchen, kann durch Sonnenbrand eine Verminderung des Wassergehaltes herbeigeführt werden, worunter natürlich das Holz leidet. Große Kälte und rascher Witterungswechsel erzeugen Eisklüfte und Frostrisse, die von außen nach innen verlaufen und sich bei warmer Temperatur wieder schließen. Die neuen Jahresringe erzeugen aber zu beiden Seiten des Spaltes Wulste, die man als Frostleisten bezeichnet. Auch durch Hagel, besonders aber durch Blitzschlag können Beschädigungen des Holzes hervorgerufen werden.

Die Krankheiten des Holzes können nun ihre Ursachen in folgenden Umständen haben:

1. Durch Holzschädlinge.
2. Durch ungünstige Bodenverhältnisse.
3. Durch Alter.
4. Durch Astknoten.
5. Durch äußere Verletzungen.

Außerdem zeigen sich noch Erkrankungen des gefällten Holzes.

Die Erkrankungen durch Holzschädlinge und andere Tiere äußern sich nun verschieden. Viele Waldtiere, besonders das Wild und auch Mäuse schälen die Rinde ab und benagen den Baum und richten so große Schäden an, besonders aber wenn das Benagen an jungen Beständen erfolgt, die dadurch meist verloren gehen. Auch Vögel können an den Beschädigungen beteiligt sein, so besonders der Specht, der die Rinde zerhackt, um darunter nach Insekten oder deren Larven zu suchen. Die Kiefern hackt er aber besonders an, um deren Saft zu lecken. Die so entstehenden Wunden werden ja zwar meistens überwallt, der Forstmann nennt solche Bäume „Wanzenbäume".

Andere Erkrankungen werden durch verschiedene Käferarten und andere Insekten hervorgerufen und durch Fäulnis. Über diese Schädlinge und Erscheinungen soll wegen der Wichtigkeit in einem besonderen Abschnitt berichtet werden.

Die Erkrankungen durch ungünstige Bodenverhältnisse können sich in Dürrsucht oder Wipfeldürre zeigen, was daran zu erkennen ist, daß die Äste von der Spitze aus nach unten zu eingehen. Solche Erscheinungen können aber auch auftreten, wenn die Wurzeln freiliegen, es tritt dann meistens ein Absterben des ganzen Stammes ein, was man als Dürre bezeichnet. Das Gelbwerden der Blätter beim Laubholz, das man als Gelbsucht bezeichnet, ist meist eine Folge von unfruchtbarem Boden. Bei jungen Bäumen zeigt sich die Einwirkung meist durch Kernfäule, indem das Kernholz von innen heraus seine Lebensfähigkeit verliert. Bei den Eichen hat man oft die Ringfäule, die sich durch hellere und dunklere Ringe im Holz kennzeichnet. In diesen Ringen sammeln sich die die Zellen zersetzenden und in Gärung übergegangenen Säfte an. Bei den Birken tritt die sogenannte Röte ein, die man als Vorgängerin der Dürre zu betrachten hat, sie ist daran zu erkennen, daß die Rinde am unteren Stammende mit einem schimmelartigen roten Staub bedeckt ist. Bei den Kiefern äußert sich zu feuchter Boden in Saft- oder Harzfluß, indem gleich nach dem Ausbruch der Nadeln der Saft durch die Rinde dringt.

Die Erkrankungen als Folge des Alters zeigen sich meist außer der Dürre bei älteren Bäumen noch durch Kernfäule, besonders werden dadurch befallen: Eiche, Erlen, Birken, Kiefern, Fichten, Eschen, Linden, Weiden und Pappeln. Auch die Stock- oder Rotfäule ist als eine solche Alterserscheinung zu betrachten, durch welche das Kernholz an Zusammenhang, Härte und Gewicht verliert, dann eine rötlichbraune Färbung annimmt und schließlich zu einer pulverförmigen Masse zerfällt.[1]) Bei den Kiefern und Fichten ist die Ursache zur

[1]) Siehe auch über Fäulnis auf Seite 55 ff.

Stock- oder Rotfäule auch oft im Auftreten des gefährlichen Wurzelschwammes zu suchen. Durch die Rotfäule wird wieder die Schwammbildung zwischen den Jahresringen und starke Zersetzung des Holzes hervorgerufen. Die Rotfäule geht dann in Weißfäule über, welche den ganzen Stamm unter weißlicher Färbung zersetzt. Das weißfaule Holz phosphoresziert dann oft, wie man es bei Weiden viel findet. Die Überständigkeit des Holzes tritt erst nach voller Entwicklung ein und ist eine Folge zurückgehender Holzbildung, sie zeigt sich durch das Hervorbrechen belaubter Zweige längs des Stammes. Wenn die Stämme viel Astknoten haben, die in den zunehmenden Stamm einwachsen, dann erkrankt das Holz daran, besonders aber, wenn die Knoten durch Mangel an Licht im Wachstum nachlassen und erhärten. Bei den Nadelbäumen steigt dann der Saftgehalt, während die Laubhölzer dann meist diese Erkrankung zeigen, die man Astkrankheit nennt. Astfäule, die sich bei Pappeln, Linden, Fichten, Ahorn und Ulmen oft zeigt, ist die Folge von eingewachsenen Astknoten, die in eine schwarze pulvrige Masse übergehen. Die Astfäule läßt sich oft schon durch den dumpfen Geruch und helle und dunkle Flecke feststellen. Bei den Nußbäumen und bei den Eichen bilden abgebrochene gefaulte oder überwachsene Äste oft die sogenannten Rosen oder Beulen am Stamm, die dann in Fäulnis übergehen, welche sich sehr leicht auf den ganzen Stamm übertragen kann.

Durch äußere Verletzung der Rinde bei starker Saftbildung tritt der Saft aus den Gefäßen aus und zerstört dann bei seiner Zersetzung häufig auch die gesunden Teile und Säfte. Man kann das durch die Bildung schwarzer und rötlicher Flecken feststellen. Diese Krankheit wird als Brand bezeichnet, der aber auch durch zu große Bodennässe hervorgerufen werden kann. Wenn diese Erscheinung bei jüngeren Zweigen eintritt, dann entsteht der Schorf oder Grind, der das Wachstum hemmt; diese Krankheit macht sich durch schwarze oder auch grüne Farbe bemerkbar. Bei den Eichen und auch bei den Lärchen kann aber auch ohne äußere Einwirkung eine solche Krankheit eintreten, indem sich die zwischen Holz und Rinde vorhandenen Säfte zersetzen und dann die sogenannte Krebskrankheit hervorrufen. Aber auch durch gewisse Pilze können solche krebsartige Erscheinungen hervorgerufen werden, und zwar besonders bei der Tanne, der Lärche und den Eichen.

Die Erkrankungen des gefällten Holzes lassen sich in allen

Fällen auf Ansteckungen zurückführen, welche das gesunde und gefällte Holz im Walde befallen. Man kann aber auch in den meisten Fällen bei rechtzeitigem Erkennen der Erkrankung durch vollkommenes Austrocknen des Holzes Einhalt tun, während andererseits die Einwirkung von Nässe und Feuchtigkeit die Erkrankung nur begünstigen. Solche Erkrankungen zeigen sich bei der Tanne, Fichte, Kiefer, Erle und Buche zunächst in einer rotbraunen Verfärbung, der sogenannten Rotstreifigkeit. Bei Kiefern, welche bei nassem Wetter geschlagen wurden, findet sich oft das Blauwerden, das durch einen Pilz hervorgerufen wird.[2]) Dieses Blauwerden zeigt sich oft schon nach kurzer Zeit, kann aber durch richtige Behandlung unschädlich gemacht werden. Bei Buchen- und Erlenholz zeigen sich weißliche Flecke, man bezeichnet solches Holz als erstickt oder stockig.

Wenn die Zersetzung fortschreitet, dann tritt die Trockenfäule ein und schließlich die Naßfäule oder Vermoderung, besonders aber wenn das Holz auf nassem Boden lagert.[3])

Eine der schlimmsten und gefährlichsten Holzkrankheiten, gegen die es kein wirksames Mittel gibt, wenn sie erst einmal das Holz befallen hat, ist der Hausschwamm, der sich besonders in Häusern findet und durch den echten oder tränenden Hausschwamm hervorgerufen wird. Während alle anderen Pilze, die sich auf dem Holze finden und seine Zerstörung zur Folge haben, nur feuchtes Holz angreifen oder doch von einem gewissen Feuchtigkeitsgehalt abhängig sind, ist der Hausschwamm von der Trockenheit abhängig, woraus sich auch zum großen Teile seine Gefährlichkeit ergibt.

Die Schädlinge unserer wichtigsten Nutzholzarten.

Alle unsere Nadelhölzer sind nun gewissen Zerstörungen ausgesetzt, die ihren Zerfall früher oder später, mehr oder weniger zur Folge haben und die Hölzer ganz oder teilweise minderwertig und unbrauchbar machen. Diese Zerstörungserscheinungen können nun auf verschiedenen Ursachen beruhen; sie können ihrem Keim bereits im Wald am lebenden Holz oder im Schlag beim Lagern oder auch erst auf dem Holzplatz erhalten. Die durch diese Einwirkungen hervorgerufenen Zerstörungen können mitunter so bedeutend werden, daß große Verluste entstehen, indem große Bestände ver-

---

[2]) Siehe Abschnitt über Fäulnis auf Seite 51 ff.

[3]) Siehe Abschnitt über Fäulnis auf Seite 51 ff.

nichtet oder als Nutzholz unbrauchbar werden. Die Gefahr ist um so größer, als sich diese Erscheinungen mitunter nur sehr schwer feststellen lassen und zum Teil auch ansteckend sind, so daß auch von Haus aus gesundes Holz davon befallen wird.

Diese Zerstörungen äußern sich nun hauptsächlich auf zweierlei Weise, und zwar in Insektenfraß und in Fäulnis. Während der Insektenfraß an und für sich leichter festzustellen ist, bereitet das bei dem zur Fäulnis neigenden Holz Schwierigkeiten. Es ist aber für die holzverarbeitende Industrie von großer Bedeutung, die Ursachen dieser Erscheinungen zu kennen und den Beginn oder die Neigung dazu schnell und sicher feststellen zu können, besonders dann, wenn man darauf angewiesen ist, große Bestände auf Lager zu nehmen, die oft jahrelang liegen müssen, ehe sie verarbeitet werden.

1. Zerstörungen und Schäden durch Insekten.

a) Schädlinge der Nadelhölzer.

Einen großen Anteil an diesen Zerstörungen haben, wie bereits kurz erwähnt, die Insekten, die besonders das lebende Holz im Walde befallen und minderwertig machen, aber auch gefälltes Holz im Schlag oder auf den Lagerplätzen mitunter nicht verschonen. Zunächst sind da eine ganze Reihe von Käfern zu nennen, die besonders dem lebenden Holz im im Walde schaden, unter ihnen spielen die Rüsselkäfer eine große Rolle, die, so klein sie sind, doch große Verheerungen anrichten können.

Die Rüsselkäfer sind durch einen rüsselartig verlängerten Kopf gekennzeichnet, an der Spitze dieses Rüssels stehen die Freßwerkzeuge. Der größte Teil der Rüsselkäfer lebt von Pflanzenstoffen, manche Arten leben nur auf einer Wirtschaftspflanze, andere wieder auf einer ganzen Reihe von Pflanzen, ohne daß diese miteinander verwandt zu sein brauchen. Die Schädlichkeit der Rüsselkäfer ist sehr verschieden, da bisweilen nur die Larve schädlich ist oder aber nur der ausgebildete Käfer.

Ein großer Teil dieser Käfer findet sich nur im Jungholz und wird dem Altholz nicht mehr gefährlich. Hierher gehören der große braune Rüsselkäfer (Hylobius abietis), der 7 bis 14 mm lang wird. Die Flügeldecken sind dunkelbraun und haben rostgelbe, querverlaufende Binden und gleichfarbige Flecken, die aus schuppenartigen Haaren bestehen. Bei älteren Käfern sind diese Zeichnungen oft verwischt, da sich die Haare mit der Zeit abstoßen, so daß die Käfer dunkler erscheinen. Der Käfer befrißt mit Vorliebe 3- bis 6jährige Kiefern und Fichten, mitunter auch jüngere und sogar Schößlinge. Der Fraß findet platzweise an der Rinde statt, die etwa erbsengroßen, trichterförmigen Löcher finden sich an den Ästen und über den Wurzelknoten. Die jungen Pflanzen werden durch Harzausfluß und Verschmelzen der Fraßstellen getötet.

Der Kieferjungholz-Rüsselkäfer (Pissodus notatus) ist 6 bis 8 mm lang. Die Flügeldecken sind braun und besitzen zwei deutliche zweifarbige Binden, die aus weißen und rotgelben Schuppen gebildet werden. Auf dem Halsschilde hat der Käfer mehrere weiße Punkte. Der Schaden, der nur unbedeutend ist, wird dadurch verursacht, daß der Käfer an Kiefern, Fichten und Lärchen die jungen Triebe ausfrißt. Schädlicher ist seine Larve, die durch den Fraß an Kiefernkulturen den Saftstrom unterbricht.

Der Kiefernstangen-Rüsselkäfer (Pissodus piniphilus) wird 3 bis 5 mm lang und hat hellbraune Flügeldecken, die hinter der Mitte auf jeder Seite einen rostbraunen, rundlichen Fleck haben, wodurch sich der Käfer von allen anderen, doppelt bebänderten oder gepunkten Arten unterscheidet. Der Käfer wird namentlich durch seine Larve schädlich, die im Baste geschlängelte Gänge frißt, die bis zu 15 cm lang sind und in der Längsrichtung des Stammes verlaufen.

Der Harz-Rüsselkäfer (Pissodus harcyniae) ist 6 bis 7 mm lang und hat schwarze Flügeldecken mit zwei gebrochenen weißlichen Querbinden und ebenso gefärbten Schildchen. Der Käfer schadet besonders durch die Larve, die namentlich am Schaft, bei stärkerer Vermehrung auch an den Ästen bis zu 80 cm lange, unregelmäßige Gänge frißt, die je nach der Zahl der Ursprungseier auch Sternform zeigen können. Bei stärkerem Auftreten welken die Kronen der Bäume, so daß die Stämme schließlich entnadelt dastehen und die Rinde verlieren. Zum Zwecke der Eiablage bohrt das Weibchen in dem oberen Stammschaft Löcher in die Rinde, aus denen dann Harz austritt. Bei gesunden Stämmen wird die Larve oft dadurch unschädlich, daß sie im Harz erstickt.

Der Kiefernaltholz-Rüsselkäfer (Pissodus pini) wird 8 bis 9 mm lang und hat schwarzbraune Flügeldecken mit schwachgelblichen Querbinden, von denen die vordere oft undeutlich ist. Er befällt außer der Kiefer auch andere Nadelhölzer, tritt aber nie in so großen Mengen auf, daß er ernstlichen Schaden anrichten könnte.

Der Tannenrüsselkäfer (Pisodus pineae) wird 6 bis 10 mm lang und hat braune Flügeldecken, deren jede einen gelben Fleck und eine unterbrochene gelbe Binde trägt. Er findet sich namentlich an krebskranken, älteren Hölzern, wird aber selten in großem Umfange schädlich.

Der große weiße Kiefernrüsselkäfer (Conicleonus glaucus) verursacht nur geringen Schaden, tritt besonders an den Nadeln junger Kiefern auf.

Die Borkenkäfer kommen sowohl auf Laubholz wie auch auf Nadelholz vor. Man hat bei ihnen zu unterscheiden in rindenbrütende und holzbrütende Arten, in beiden Fällen finden sich im Holze kennzeichnende Fraßbilder.

Von Bedeutung für die Schädigung von Nadelholz sind besonders folgende Arten:

Der große Fichtenborkenkäfer (Dentroctonus micans). Er ist der größte europäische Borkenkäfer und wird 7 bis 9 mm lang. Er ist am ganzen Körper schwarzbraun und hat eine lang abstehende, gelbliche Behaarung, die sich bei alten Käfern abscheuert. Der Käfer geht besonders auf gesundes und krankes, durch den Fraß anderer Borkenkäfer geschwächtes Fichtenholz. Junge Bäume sterben dabei, ältere halten den Fraß länger aus. Mit Vorliebe geht der Käfer an den unteren Stamm 20- bis 40jähriger Fichten. Das Weibchen benutzt zur Eierablegung gern Rindenverletzungen, bei Schnee- und Windbruch geht sie auch an die Wurzelregionen.

Der große Kiefernmarkkäfer (Blastophagus piniperda), auch großer Waldgärtner genannt, wird 3 bis 5 mm lang. Er hat einen schwarzen Kopf und ein schwarzes Halsschild, die beide langbehaart sind. Die Flügeldecken sind schwarz oder schwarzbraun, bei jüngeren Käfern heller. Der Käfer wird in erster Linie durch seinen Triebfraß schädlich, der einen Zuwachsverlust zur Folge hat. Seine hauptsächlichste Brutgelegenheit bildet das auf den Holzlagern befindliche Material. Durch Harzgeruch kann der Käfer auch aus entfernteren Gegenden angelockt werden. Im Sommer geschlagenes Holz trocknet meist bis zur nächstjährigen Flugzeit so weit aus, daß es nicht mehr bebrütet wird, daß also die darin befindlichen Eier zugrunde gehen. Im Winter gefälltes Holz entwickelt sich zu Brutstätten des Käfers, wenn es nicht sofort entrindet wird.

Der kleine Kiefernmarkkäfer (Blastophagus minor) oder der kleine Waldgärtner wird 3 bis 4 mm lang und unterscheidet sich nur wenig vom großen Waldgärtner. Der Käfer befliegt hauptsächlich stehendes Holz, auch ganz gesundes. Er schadet namentlich durch Triebfraß.

Der schwarze Kiefernbastkäfer (Hylastes ater) ist 4 bis 5 mm lang, sein Hauptmerkmal besteht darin, daß sein Halsschild länger als breit ist, seine Farbe ist schwarz, die Beine sind rot. Er schadet besonders an der Pfahlwurzel oder dicht über dem Erdboden bei 2- bis 10jährigen Kiefernpflanzen durch seinen Fraß.

Der doppeläugige Fichtenbastkäfer (Polygraphus polygraphus) wird 2 bis 3 mm lang und ist schwarzbraun, reifartig beschuppt. Seine Augen sind durch eine Mittelleiste vollständig geteilt. Der Käfer findet sich in allen Fichtenrevieren, bevorzugt aber Gebirgsgegenden und tötet die Stämme ab.

Der kleine Tannenborkenkäfer (Cryphalus piceae) wird 1 bis 3 mm lang und ist mit langen, deutlich sichtbaren, aufrechtstehenden Haaren besetzt, er ist namentlich den Tannen schädlich, bevorzugt aber die Weißtanne.

Der liniierte Nadelholzbohrer (Xyloterus lineatus), auch gemeiner oder gestreifter Nadelholzbohrer genannt, wird etwa 3 bis 5 mm lang und hat von oben hell erscheinende, fein punktierte Flügeldecken. Er befällt Tannen, Kiefern und Lärchen und geht mit Vorliebe auch an gefälltes Holz, verschont sogar entrindetes, im Walde gefälltes und schattig liegendes Holz nicht.

Da seine Gänge im Splint verlaufen, so ist sein Schaden ein technischer, er kann also dem Nutzholz sehr schädlich werden.

Der sechszähnige Fichtenborkenkäfer (Ptyogenes chalcographus) ist nur 2 mm lang, braun gefärbt, hinten etwas heller und stark glänzend, da er nur wenig behaart ist.

Der zweizähnige Fichtenborkenkäfer (Ptyogenes bidentatus) wird 3 mm lang, er ist pechbraun und fein behaart. Der Käfer befrißt gern Bestände, die durch Waldbrand geschwächt sind.

Weiter gehören hierher der krummzähnige Fichtenborkenkäfer (Pityocteines curvidens), der große oder zwölfzähnige Fichtenborkenkäfer (Ips sexdentatus), und vor allen Dingen der große achtzähnige Fichtenborkenkäfer (Ips typographus) oder der Buchdrucker.

Namentlich der letztere kann sehr schädlich werden. Er ist einer der hauptsächlichsten Feinde der Fichte und kann hier großen Schaden anrichten. Er findet sich namentlich in großer Menge nach dem Auftreten der Nonne.

Folgende Zusammenstellung gibt einen Überblick über das Auftreten und die Erkennung der Käfer an den Fraßbildern.

Hauptsächlichste Kiefernschädlinge sind: Der große Kiefernmarkkäfer oder der große Waldgärtner (Blastophagus piniperda), das Fraßbild zeigt lotrechte Gänge.

Der kleine Kiefernmarkkäfer (oder kleine Waldgärtner, Blastophagus minor), das Fraßbild zeigt doppelgängige, wagerechte Gänge.

Der schwarze Kiefernbastkäfer (Hylastes ater), das Fraßbild zeigt unregelmäßige, lotrechte Gänge.

Der kleinste Kiefernbastkäfer (Carphoborus minium), das Fraßbild zeigt Sterngänge.

Der zweizähnige Kiefernborkenkäfer (Ptyogenes bidentatus), das Fraßbild zeigt ebenfalls Sterngänge.

Der große oder zwölfzähnige Kiefernborkenkäfer (Ips sexdentatus), das Fraßbild zeigt lotrechte, gabelförmige Gänge.

Hauptsächlichste Fichtenschädlinge sind:

Der große Fichtenbastkäfer (Dentroctonus micans), das Fraßbild zeigt Familiengänge in der Rinde.

Der doppeläugige Fichtenbastkäfer (Polygraphus polygraphus), das Fraßbild zeigt meist sternförmige Gänge, seltener doppelte Wagegänge. Der Buchdrucker oder achtzähnige Fichtenborkenkäfer (Ips typographus), das Fraßbild zeigt gabelförmige Lotgänge, die arabischen Schriftzeichen ähneln.

Andere Schädlinge an den Nadelhölzern sind gewisse Schmetterlinge. Ihre Schädlichkeit erstreckt sich allerdings meist nicht auf das Holz selbst, wie bei den meisten Käfern, sondern auf Raupenfraß an den Nadeln, so daß die Entwicklung des Baumes gehemmt, mitunter ganz unterbrochen wird. Der Schaden macht sich namentlich auf dem Holzlagerplatz bemerkbar, und zwar auch nicht direkt, sondern durch verminderte Widerstandsfähigkeit des Holzes gegen andere Einflüsse. Diese Schädlinge haben insofern eine große Bedeutung, als sie die Güte des Holzes beeinträchtigen, da durch den Raupenfraß die Stämme kränkeln, wenn sie nicht absterben. Abgestorbenes Holz ist aber bekanntlich als Nutzholz minderwertig, wenn nicht überhaupt unbrauchbar.

Zu diesen Schmetterlingen gehört vor allen Dingen der Kiefernspinner (Dendrolinus pini), dessen Raupen vor der Überwinterung durchschnittlich 150, nach der Überwinterung aber etwa 600 Nadeln fressen. Sie finden sich hauptsächlich an den Kiefern, kommen aber auch an Fichten vor.

Den hauptsächlichsten Schädling unter den Schmetterlingen bildet aber die zur Klasse der Spinner gehörige Nonne (Lymandria monacha), die infolge ihres großen Schadens für alle holzverarbeitenden Industrien von Bedeutung ist, so daß ein näheres Eingehen darauf zweckmäßig erscheint. Die Nonne ist gekennzeichnet durch die weißen und schwarzen Zickzackbinden auf den Vorderflügeln, den hell und dunkel quergestreiften, meist rötlichbraun angeflogenen Hinterleib. Die Falter spannen 3.5 bis 6 cm, die Männchen sind meist kleiner und haben doppelgekämmte Fühler. Die Flügel werden in Ruhe dachförmig getragen und bilden dann beim Männchen ein gleichseitiges, beim Weibchen ein gleichschenkliches Dreieck. Die Farbe der Falter ist sehr verschieden, mitunter sogar fast schwarz, so daß dann kaum mehr eine Zeichnung zu erkennen ist.

Die Schwärmzeit der Falter ist im allgemeinen Mitte Mai bis Ende Juli, um welche Zeit die Weibchen auch ihre Eier ablegen, und zwar in scheibenförmigen oder unregelmäßig traubenförmigen Haufen, die durch einen spröden Kitt zusammengehalten werden. Mit Vorliebe suchen sie dazu Rindenspalten aus. An der Kiefer sind die Eier sehr schwer zu finden, bei den Fichten liegen sie meist an den angerauhten Borkenpartien unter Astansätzen. Während und vor der Eiablage sind die Weibchen sehr wenig fluglustig. Eier und junge Raupen sind gegen Kälte sehr widerstandsfähig. Etwa eine Woche nach dem Ausschlüpfen bäumen die jungen Raupen auf zu den benadelten Ästen. Durch Wind oder Erschütterungen veranlaßt, lassen sie sich dann sofort an einem Faden herab, dabei werden sie leicht auf benachbarte niedrigere Bäume oder Schonungen geweht und bäumen sofort wieder auf. Sie spinnen dabei ununterbrochen weiter und hören auch dann nicht auf, wenn sie durch irgendein Hindernis aufgehalten werden und den Weg nach oben nicht fortsetzen können. Die Leimringe helfen infolgedessen wenig, da durch Gespinstbrücken ihre Wirkung bald aufgehoben wird.

Nach der ersten Häutung läßt das Spinnvermögen sehr nach, die Raupen spinnen sich nicht mehr ab und können auch nur durch sehr schwere Erschütterungen zum Herabfallen veranlaßt werden. Auch Futtermangel bewegt sie nicht zum Abbäumen. Herabgefallene Raupen bäumen am ersten Gegenstand wieder auf, ohne daß sie weit wandern, so daß mitunter auch Heidelbeersträucher kahl gefressen werden.

Oft vernichten sich die Raupen selbst dadurch, daß sie von der Wipfelkrankheit oder Schlafsucht befallen werden. Sie wandern dann triebartig bis zum obersten Wipfelende und sammeln sich hier in großen Mengen in mitunter armstarken, stinkenden Kadavermassen an. Neuerdings macht man zu ihrer Bekämpfung aussichtsreiche Versuche mit Arsenverbindungen.

Der Kot der Raupen besteht aus kurzwalzigen, sechsfach, tiefgekehlten Säulchen, die bei ausgewachsenen Raupen 4 mm lang und 2—3 mm dick sind. In stark befallenen Forsten findet sich dieser Kot unter den Bäumen mitunter zentimeterhoch angesammelt.

Der Fraß der Raupe ist sehr verschwenderisch, indem ein großer Teil der Nadeln glatt durchgebissen wird und zu Boden fällt. In Kiefernbeständen fällt die Spitze der Nadeln regelmäßig zu Boden, während die übrige Nadel von der Mitte zur Scheide verzehrt wird.

Die Kiefer erholt sich vom Nonnenfraß fast ausnahmslos wieder, die Fichte jedoch wird bei Massenvermehrung derartig geschädigt, daß die Bestände ohne Unterschied des Alters eingehen. Der Grund liegt darin, daß bei der Kiefer sich die jungen Triebe durch reichlichen Harzüberzug vor dem Fraß schützen, während gerade bei den Fichten der Maitrieb von den Raupen gefressen wird. Die hochschäftige Kiefer kann sich leichter von den Raupenmassen entlasten, als die Fichte mit ihren tief herabreichenden Zweigen.

Eine schwere Schädigung der Kiefer kann auch die Forleule (Panolis flammea) hervorrufen, deren Kahlfraß die Kiefer nicht überwindet. Ähnlich groß ist der Schaden des Kiefernspanners (Bupalus piniarius), der bei mehrere Jahre hintereinander folgendem Auftreten die Bestände vernichtet.

Auch gewisse Ameisenarten können an der Wertlosmachung und Vernichtung der Holzbestände beteiligt sein, indem sie vollkommen gesundes, kräftiges Nadelholz, mit Vorliebe Fichte und Tanne, von unten her in der Richtung der

Jahresringe konzentrisch durchbeißen, die weiche Sommerschicht aushöhlen und ihre Nester hineinbauen. Die Nagespäne werden unten ausgeworfen. Solche Stämme sind oft schon äußerlich dadurch erkenntlich, daß sie vom Specht bearbeitet sind.

b) Schädlinge der Laubhölzer.

Auch die Schädlinge unter den Laubhölzern finden sich sowohl unter den Käfern als auch unter den Schmetterlingen und anderen Insekten, soweit es sich um die schädlichsten handelt, die hier von Interesse sind.

Aus dem Reich der Käfer finden sich besonders die nachstehenden:

Die Splintkäfer (Scolytidae). Alle Splintkäfer sind auf Laubhölzer beschränkt, ihr Hauptkennzeichen besteht in einem höckerlosen Halsschild, ihren an der Spitze rundlich abgestutzten, nach hinten gerade gestreckten Flügeldecken und darin, daß das vom zweiten Bauchring an das Profil steil nach oben ansteigt. Das Fraßbild zeigt einarmige Lot- oder Wagegänge. Es besteht also in einem wagerechten oder senkrechten Gang, der vom Muttertier vom Einbohrloch her gebohrt ist, von dem im allgemeinen winkelrecht die Larvengänge abzweigen, welche die fußlosen Larven einfressen. Mit zunehmendem Wachstum der Larven werden diese Gänge breiter und endigen zum Schluß in der Puppenwiege.

Von diesen Splintkäfern sind nun zu nennen:

Der große Ulmensplintkäfer (Scolytus scolytus), der 4 bis 6 mm lang wird und in der Regel braune Flügeldecken hat. Bei beiden Geschlechtern ist die Stirn mit braunen, samtartigen Haaren besetzt, das Halsschild ist schwarz, der dritte und der vierte Hinterleibsring hat unten in der Mitte einen Höcker, das Männchen hat einen behaarten Hinterleib. Das Weibchen legt die Eier hauptsächlich an die Ulmen und Eschen. Der Befall findet bei starken Bäumen meist an kranken Zweigen und Ästen der oberen Kronenregion statt und geht von da abwärts. Dieser Käfer befällt in erster Linie solche Bäume, die infolge ungünstigen Standes oder Bodens oder durch Rauchschaden kränkeln, besonders aber Alleebäume. Man kann den Schaden nur dadurch bekämpfen, daß man befallene Äste aussägt oder stark in Mitleidenschaft gezogene Stämme fällt.

Der große Birkensplintkäfer (Scolytus ratzeburgi) ist ebenso groß wie der Ulmensplintkäfer, die Stirn ist beim Männchen abgeflacht und mit langen gelben Haaren besetzt, beim Weibchen schwach gewölbt und fast kahl. Der dritte Hinterleibsring des Männchens trägt einen knopfförmigen Höcker, der vierte eine Leiste. Beim Weibchen sind beide Hinterleibsringe glatt. Der Käfer befällt in erster Linie jüngere Stämme, die an und für sich schon kränkeln. Das Absterben des Baumes wird durch den Befall sehr beschleunigt. Als einziges Mittel hilft das Fällen der befallenen Stämme, was aber bis spätestens Mitte Juli erfolgt sein muß.

Der Eichensplintkäfer (Scolytus intricatus) ist 3 bis 4 mm lang, er hat punktierte Flügeldecken, die Hinterleibsringe haben keine Höcker. Die Fluglöcher der Käfer in der Rinde machen den Eindruck, als sei der Stamm mit Vogeldunst beschossen. Zur Zeit der Eichenblüte befallen die Käfer die Basis der jüngsten Eichentriebe und bohren im Astwinkel ein Loch in den vorjährigen Trieb. Kränkelnde Stämmchen, aber auch gesunde Stangen sterben durch den Larvenfraß ab. Als Mittel dagegen hilft nur das Aushauen der befallenen Äste.

Der kleine Ulmensplintkäfer (Scolytus multistriatus) wird 3 bis 4 mm lang. Männchen und Weibchen haben einen bauchseitigen, nach hinten gerichteten Dornfortsatz, der beim Weibchen etwas länger ist und ein kennzeichnendes Merkmal des Käfers bedeutet. Der Käfer befällt namentlich ältere Ulmen, seine Bekämpfung ist genau wie bei dem großen Ulmensplintkäfer.

Neben den Splintkäfern kommen als Schädlinge der Laubnutzhölzer die Borkenkäfer oder Ipodae in Frage, die in zahlreiche Unterfamilien zerfallen. Hier sind besonders zu nennen:

Der große schwarze Eschenbastkäfer (Hylesinus crenatus), der 4.5 bis 5.5 mm lang wird. Der Käfer ist fast kahl, die Flügeldecken fallen nach hinten allmählich ab, sie sind schwarz mit tiefen gekerbten Streifen und einreihig gehöckerten Zwischenräumen. Der Käfer tötet durch starken Befall die Stämme ab. Seine Bekämpfung folgt durch Fangbäume.

Der bunte Eschenbastkäfer (Leperisinus fraxini) ist 2.5 bis 3 mm lang und hat kurze, schuppenartige Haare auf den Flügeldecken, wodurch er buntscheckig aussieht. Er greift sowohl gesundes als auch krankes Holz an und tötet in jedem Falle die höherliegenden Stammteile und Kronen ab. Seine Bekämpfung ist kaum möglich, nur Teeranstriche können mitunter wirksam sein.

Der Buchenholzborkenkäfer (Xyloterus domesticus) wird 3.5 mm lang und hat gelbbraune, an den Spitzen gefurchte Flügeldecken mit schwarzer Naht, Seitenwand und Spitze. Das Halsschild ist teils schwarz, teils rotgelb. Bei jungen Stämmchen wirkt der Befall tötlich, bei älterem Holz ist der Schaden technisch. In der Eiche beschränkt sich der Fraß auf den Splint und ist weniger schädlich. Die Bekämpfung kann nur dadurch stattfinden, daß man alles wertvolle Holz vor Beginn der Flugzeit abfährt. Auch die schnelle Austrocknung durch Entrindung ist ein wirksames Vorbeugungsmittel.

Der ungleiche Borkenkäfer (Anisandrus dispar) wird 2 mm lang, das Weibchen 3 mm lang. Das Männchen ist auffallend kugelich, ihm fehlen die häutigen Unterflügel, so daß es auch nicht fliegen kann.

Der Schaden tritt besonders an jungen Stämmen ein, die vom Frost oder von Mäusefraß geschwächt sind, und bringt diese entweder direkt zum Absterben oder schwächt sie mechanisch so, daß sie an der Fraßstelle leicht abbrechen.

Der höckrige Eichenbohrkäfer oder der kleine schwarze Wurm (Xyleborus monographus). Das Männchen wird 2 bis 2.5 mm lang, das Weibchen dagegen 3 mm. Die Käfer sind lang, zylindrisch und haben stark abgeflachte, matte und glatte, nicht gestreifte Flügel, die Flügeldeckennaht weist einzelne weitläufig gestellte Höckerchen auf. Der Käfer befällt ausschließlich Eichen und verursacht einen rein technischen Schaden. Die Bekämpfung besteht in rechtzeitigem Abfahren des Holzes oder, wo das nicht möglich ist, in Entrindung oder auch Anstrich mit Karbolineum.

Zu den an Laubholz schädlichen Kernkäfern hat man besonders folgende Arten zu zählen:

Der Eichenborkenkäfer (Platypus cylindrus), der 5 bis 5.5 mm lang wird und eine dunkelbraune Farbe hat. Das besondere Kennzeichen aller Kernkäfer besteht in langgestrecktem Körper mit sehr breitem und weit vorgestrecktem Kopf, der so breit wie das zylindrische Halsschild ist. Zwischen den Punktstreifen der Flügeldecken befinden sich keilförmig erhabene Streifen, der Flügeldeckenabsturz ist dicht gelb beharrt. In Deutschland findet sich der Eichenkernkäfer nur im Süden, wo er allerdings sehr schädlich wird, da er das Holz nur verschlechtert. Die Bekämpfung besteht in der Abfuhr der Stämme vor dem Juni und in sorgfältiger Stockrodung.

Neben den Käfern kommen noch zahlreiche Schmetterlinge als Schädlinge an Laubnutzholz in Frage, so z. B. der Baumweißling (Aporia crataegi). Der Falter unterscheidet sich von dem ihm verwandten Kohlweißling durch die dünnbeschuppten, gelblichweißen, fein schwarz geaderten Flügel. Er hat eine Flügelspannung bis zu 6.5 cm. Der Schaden zeigt sich besonders an Obstbäumen, wo er die ganze Ernte vernichten kann, an forstlichen Laubhölzern, die von der Raupe befressen werden, sind Eiche und Esche zu nennen. Hier ist er allerdings nicht von großem Schaden. Die Bekämpfung erfolgt durch das Ausbrennen der Raupennester im Winter.

Der Mondvogel (Phalera bucephala), der zu den Spinnerarten gehört, läßt sich durch seine auffällige Färbung leicht erkennen. Die Vorderflügel tragen an der Spitze einen deutlich erkennbaren Mondfleck, der sich von der braunen Färbung des Flügels scharf abhebt. Hinterflügel und Hinterleib zeigen eine hellgelbe Färbung. Der Schaden besteht darin, daß die Raupen in die Kronen der Linden, Eichen und Weiden gleichsam Löcher fressen und so die Zweige zum Vertrocknen bringen können. Die Raupe befällt gelegentlich auch andere Forstgehölze. Ein zweckmäßiges Bekämpfungsverfahren ist nicht bekannt.

Der Ringelspinner (Malacosoma neustria) fliegt ausschließlich nachts und ist in seiner Grundfärbung sehr verschieden. (Bleichockergelb bis rotbraun.) Die Vorderflügel weisen zwei dunkle oder auch gelbe Mittelquerstreifen auf. Die Flügelfransen sind in unregelmäßigen Abständen braun gefleckt. Bei dem Hinterflügel findet sich mitunter eine fast erloschene Mittelquerbinde. Das Männchen spannt bis zu 3 cm lang und hat lange, doppelt gekämmte Fühler, das Weibchen spannt bis zu 4 cm und hat lange Fühler mit nur kurzen Kammzähnen. Die Raupe befällt alle Laubhölzer. Der Schaden wird aber besonders bei Obstplantagen wichtig und in Eichenschälwäldern. Auch ältere Eichen kann die Raupe vollkommen kahl fressen und dadurch den Wuchs hemmen oder junge Stämme vernichten. Eine wirksame Bekämpfung kann nur in Obstplantagen stattfinden.

Der Eichenprozessionsspinner (Thaumetopea processionae) schwärmt nur am Abend. Die Vorderflügel sind schwach bräunlichgrau gefärbt und haben drei dunkle Querstreifen und einen dunklen Mittelpunkt, während die Hinterflügel weißgrau gefärbt sind und einen dunklen, zwischen

Flügelmitte und Saum sich hinziehenden Querstreifen aufweisen. Das Männchen ist in der Regel kleiner und spannt 2.5 bis 3 cm, es zeichnet sich durch schärfer ausgebildete Zeichnungen der Vorderflügel aus, als das Weibchen, das zwischen 3 und 3.5 cm spannt. Die jungen Räupchen schlüpfen im Mai aus, wenn das junge Laub sich entwickelt, und fangen sofort an zu spinnen und nach den nächsten eben aufbrechenden Laubknospen zu wandern. Sie tun das am Abend in Familien, daher der Name Prozessionsspinner. Der Weg ist durch seidenglänzende Gespinstfasern gekennzeichnet. Am Morgen wandern sie in gemeinsamer Weise nach lockeren Gespinsten zurück, die sie unter Astabgangstellen, und zwar meist auf der Südseite, angelegt haben. Die Marschordnung der Tiere ist je nach dem mehr oder weniger starken Auftreten ein- bis mehrreihig. Der Schaden macht sich hauptsächlich an der Eiche bemerkbar, und zwar fast nur an unseren einheimischen Arten. Die jungen Blättchen werden vollkommen aufgefressen, bei den älteren bleiben die Rippen stehen. Bei Massenvermehrung werden vor allen Dingen alleinstehende Eichen vollkommen kahl gefressen. Bei mehrjähriger Wiederholung eines solchen Kahlfraßes tritt Absterben der befallenen Bäume ein. Eine besondere Eigentümlichkeit dieser Raupen besteht noch darin, daß bei Massenvermehrung die davon befallenen Wälder für Menschen und Tiere fast unbegehbar sind, da die Raupenhaare die Luft erfüllen. Die Wirkung dieser Haare besteht in heftigen Entzündungserscheinungen der Schleimhäute. Die Bekämpfung besteht darin, daß man erreichbare Nester nach vorherigem Tränken mit Petroleum ausbrennt. Hochsitzende Nester kann man auch durch Beschießen mit Vogeldunst zerstören, muß aber dabei vorsichtig zu Werke gehen, damit man nicht von herabfallenden Nestteilen getroffen wird.

Der braunschwänzige G o l d a f t e r (Europroctia chrysorrhoae) richtet im großen und ganzen keinen allzugroßen Schaden an, mitunter kann er aber auch alte Eichen zum Absterben bringen.

Ähnlich ist der Einfluß des g e l b s c h w ä n z i g e n Goldafters (Porthesia similis), der in erster Linie an Weiden schädlich wird, mitunter aber auch in erheblichem Umfange an Obstbäumen.

Der S c h w a m m s p i n n e r (Lymandria dispar) tritt regelmäßig bei einer Massenvermehrung der Nonne auf, er kommt in Deutschland nur in Obstbaugegenden vor und kann da auch sehr schädlich werden.

Der Schlehenspinner (Orgia antiqua) ist bisher nur ganz vereinzelt als forstwirtschaftlicher Schädling aufgetreten, und zwar besonders an der Kiefer, wo er mitunter durch Kahlfraß schadet, an Laubbäumen ist das bisher noch nicht bemerkt worden.

Der Rotschwanz (Dasychira pudibunda) hat trüb weiß gefärbte Vorderflügel. Bei beiden Geschlechtern zeigen sich dunkel grau oder braun gefärbte Bestäubungen und drei Querstreifen. Die Hinterflügel haben deutlich gescheckte Fransen. Die Männchen sind wesentlich kleiner als die Weibchen und haben lange, braun gekämmte Fühler. Die Flügelspannung schwankt zwischen 3.5 und 6.5 cm. Die jungen Raupen schlüpfen Mitte Juli aus den Eiern und sind anfangs lang schwarz behaart. Sie wandern familienweise nach dem Fraßort und drängen sich hier auf den Blättern dicht zusammen. Nach der ersten Häutung erhalten sie eine gelbe oder weiße, auch bräunliche, auf der Vorderseite bürstenartig verteilte Behaarung. Am Hinterende zeigt sich dann ein rot- oder auch braungefärbter Haarpinsel, der den Raupen den Namen erteilt. Die älteren Raupen fressen die Blätter vom Rande her bogenförmig an. Bei den geringsten Erschütterungen ringeln sich die Raupen zusammen und lassen sich herabfallen, um dann schnellstens wieder aufzubäumen. Der Schaden des Rotschwanzes betrifft in der Hauptsache die Rotbuche, die Bestände leiden aber nicht so sehr, da der Fraß der Raupe ein ausgesprochener Spätfraß ist, selbst wenn es sich um Kahlfraß handelt. Ein großer Teil der Raupen geht durch eine ansteckende Krankheit zugrunde, so daß ein Kahlfraß an zwei aufeinanderfolgenden Jahren kaum eintritt. Es gibt bisher kein Mittel, dem Schaden wirksam zu begegnen.

Der große Frostspanner (Eranis defoliaria) ist gekennzeichnet durch vollkommen flügellose Weibchen, die auf dem grünlichgrauen Rücken schwarze Fleckendoppelreihen haben. Die Beine sind weißgelb gefleckt, schwarz und sehr lang. Die Männchen sind trotz der vollständig entwickelten Flügel sehr flugunlustig und halten sich meist am Boden versteckt auf. Die Flügelpaare des Männchens sind beide bleichgelb mit schwarzen Mittelpunkten, die Vorderflügel sind schwärzlich bestäubt und zeigen ein ockergelbes Wurzelfeld. Die Flügelspannung beträgt mehr als 4 cm. Die Raupe tritt oft in Gesellschaft mit dem gemeinen Frostspanner auf und bevorzugt Eichen, findet sich aber auch an Buchen und anderen Laubhölzern. Im Forstbetriebe ist eine Bekämpfung nicht möglich, im Obstbau kann man mit Leimringen viel erreichen.

Der Weiden-Kahnspinner (Earias chlorana) hat zartgrüne Vorderflügel, die Hinterflügel sind rein weiß. Die Spannung des Falters beträgt etwa 2 cm. Er befällt fast nur Weiden, deren Ruten dadurch im Wachstum sperrig und vollkommen entwertet werden. Man kann dem Schaden nur durch Abschneiden und Verbrennen der befallenen Ruten etwas vorbeugen.

Das Blausieb (Zeuzera pyrina) spannt beim Männchen etwa 5 cm, beim Weibchen 6 bis 7 cm. Die Flügel sind rein weiß mit zahlreichen stahlblauen rundlichen Flecken. Das Weibchen hat eine lange Legeröhre. Die Jungräupchen schlüpfen im Juli und fressen einen etwa 9 cm breiten Fraßplatz unter der Rinde, der den äußeren Jahresring angreift. Der Fraß hört im Herbst auf, setzt aber im April wieder ein, wo die Raupen einen nach oben aufsteigenden Gang in das Holz fressen, in dem sie nochmals überwintern. Die Länge der Raupen erreicht 5 cm, der Körper ist wachsgelb gefärbt und hat auf dem zweiten bis elften Ring in Querreihen angeordnete schwarze Warzen, die je ein Haar tragen. Die Raupe befrißt fast alle Pflanzen, sogar die Kiefer. Schwächere Stämme können eingehen, falls sie nicht schon vorher an der Fraßstelle abbrechen. An älteren Bäumen hat der Schaden nur technische Bedeutung. Die Bekämpfung ist nur in Baumschulen möglich, indem man die Raupen durch Einführen eines Drahtes in die Auswurföffnung zu vernichten sucht.

Der Weidenbohrer (Cossus cossus). Das Männchen ist auch hier kleiner als das Weibchen, welches eine Flügelspannung bis zu 9.5 cm erreicht. Die Falter haben weißgraue Vorderflügel mit braungewässerten, schwarzbraunen Querlinien, die Hinterleibsringe sind grau und haben breite weiße Ringe. Die Raupen fressen nach dem Schlüpfen zunächst ähnlich wie bei dem Blausieb gesellig und überwintern tief im Holze. Vom April ab fressen sie, immer noch zusammenhaltend, aber jede Raupe in einem besonderen Gang. Die Farbe der Raupe ist nun fleischfarbig mit rotbraunem Rücken, sie zeichnen sich durch den Geruch nach Salycilsäure aus. Nun überwintern die Raupen nochmals. Die Länge einer erwachsenen Raupe ist 7 cm. Der Schaden zeigt sich an

Weide, Pappel, Eiche, Esche und Rüster und ist namentlich technisch, bei starkem Befall können die Bestände durch Windbruch geschädigt werden. Gegen die Eiablage hindert ein Karbolineumanstrich im Mai.

Der grüne Eichenwickler (Tortix viridana) spannt wenig über 2 cm und hat hellgrüne Vorderflügel, die vorn gelblichweiß umrandet sind. Die Hinterflügel sind grau. Die im Mai schlüpfenden Raupen befressen namentlich noch junge, geschlossene Triebe, aber auch austreibende Blätter, die sie vollkommen skelettieren und schließlich zu mehreren durch Gespinstfäden vereinigen. Die Farbe der Raupen ist grün mit schwarzen Wärzchen. Der Schaden besteht in Zuwachsverlust und Hemmung des Höhenwuchses, sowie Dürrwerden einzelner Äste. Die Bekämpfung ist nicht durchführbar.

Die Bekämpfung aller dieser Schädlinge muß schon im Forst erfolgen, so daß eine Bebrütung des Holzes nicht mehr stattfinden kann. Zeigen sie sich auf dem Holzlagerplatze, so ist meistens nicht mehr viel dagegen zu machen. Man kann aber der Ausbreitung vorbeugen, indem man vor allen Dingen dafür sorgt, daß sich die Eier und Larven nicht weiter entwickeln können. Das hauptsächlichste Mittel dazu ist das Schälen des Holzes und eine trockene, luftige Lagerung. Die Rinde muß vom Lagerplatz vollständig entfernt werden, zeigen sich in ihr Larven und Eier oder lassen sich die typischen Fraßbilder feststellen, so ist durch Verbrennung der Rinde eine Weiterverbreitung zu verhüten. Holz, das die Kennzeichen des Käferfraßes trägt, ist gesondert zu lagern und schnellstens zu verarbeiten. Solche Hölzer neigen nämlich auch zu anderen Krankheiten und unterliegen den Angriffen anderer Schädlinge und Zerstörer viel eher, als vom Käferfraß freies Holz.

Ähnlich liegt der Fall beim sogenannten Nonnenholz, das an und für sich gesund ist, wenn es rechtzeitig geschlagen wurde. Das Holz ist aber ebenfalls wenig widerstandsfähig gegen die Angriffe anderer Schädlinge und sollte daher schnellstens verarbeitet werden, wobei sich dann bei verschiedenen Verwendungszwecken, z. B. in der Papierfabrikation keine Nachteile zeigen und der daraus hergestellte Papierstoff vollwertig ist, wenn das Holz sonst gesund und nicht vom Käferfraß befallen ist. Aber gerade beim Nonnenholz findet sich recht oft Käferfraß, da ein großer Teil der

Käfer sekundäre Schädlinge sind, d. h. Holz befallen, das durch andere Ereignisse geschwächt ist.

Solche elementare Ereignisse, die die Bedingungen für diese sekundären Schädlinge begünstigen, sind auch Wind- und Schneebruch. Wenn dieses an und für sich ebenfalls gesunde Holz schnellstens gefällt, aufgearbeitet und abgefahren wird, dann ist die Gefahr nicht groß, daß es durch Käferfraß minderwertig wird, und kann auch bei geeigneter Behandlung und Lagerung auf dem Lagerplatz lange liegen, ohne den Angriffen durch Schädlinge oder sonstigem Verderben ausgesetzt zu sein.

2. Die Fäulnis des Holzes.

Die Verluste an Nutzholz durch Fäulnis sind meist viel größer, als man im allgemeinen anzunehmen geneigt ist. Man schenkt diesen Erscheinungen oft noch viel zu wenig Beachtung und nimmt sie als ein notwendiges Übel hin. Schon im Walde, ganz besonders aber auch auf dem Lagerplatz, ist das Holz allerlei zerstörenden Einflüssen ausgesetzt, die man unter der Bezeichnung Fäulnis zusammenfaßt. Die Keime dieser Zerstörungserreger sind überall vorhanden und befallen alles Holz, also auch das lebende, auf dem Stamme stehende. Einzelne Holzarten besitzen nun wohl von Haus aus eine größere Widerstandsfähigkeit gegen die zerstörenden Einflüsse, so daß die Gefahr bei ihnen geringer ist, aber auch bei dieser Eigenschaft sprechen allerlei Nebenumstände mit, so z. B. der Boden, auf dem das Holz gewachsen ist, so daß sich mitunter ein- und dieselbe Holzart auch sehr verschieden verhalten kann. Auch die Fällzeit kann auf diese Eigenschaft einen bestimmenden Einfluß ausüben, obgleich oft die Meinungen darüber noch sehr getrennt sind und behauptet wird, daß das im Sommer geschlagene Holz dem im Winter gefällten gleichwertig sei. Dieser Behauptung kann aber durch nichts bewiesen werden, denn wie sich aus den weiteren Ausführungen zeigt, hat das im Winter, also in der Zeit der Vegetationsruhe geschlagene Holz, wo die Säfte nicht mehr im Stamme kreisen, einen wesentlich höheren Widerstand gegen die Fäulniserreger, infolge des Fehlens der als Stärke, Zucker usw. in den Zellen abgelagerten Säfte, die die Lebensbedingungen für eine ganze Anzahl von Fäulniserregern bilden.

Selbst an und für sich ganz gesundes Holz ist also nicht vollkommen vor den Zerstörungen geschützt, so daß man noch lange nicht vor Verlusten gesichert ist, wenn man auch beim

Ankauf und bei der Auswahl des Holzes größte Sorgfalt walten ließ.

Soweit es sich nun um Nutzholz handelt, besonders für Bau- und technische Zwecke, kann die Frage der Holzkonservierung als vollkommen gelöst betrachtet werden, da man heute über Konservierungsverfahren verfügt, welche dem Holz eine ausreichende Lebensdauer verleihen.[4]) Für viele Zwecke können diese Verfahren aber nicht in Frage kommen, da die Konservierung mit Stoffen erfolgt, welche bei der späteren Verarbeitung hinderlich und schädlich sind.

Das einzige in der Praxis mitunter zur Anwendung kommende Konservierungsverfahren, das nicht hinderlich bei der Weiterverarbeitung ist, das aber auch auf andere Hölzer Anwendung finden kann, ist das Auslaugen oder das Wässern des Holzes, das mitunter auch schon ganz unabsichtlich erfolgt, wenn das Holz geflößt wird.

Es ist nun eine bekannte und erwiesene Tatsache, daß das geflößte und gewässerte Holz gewisse Vorteile besitzt und einen größeren Widerstand gegen die Fäulniserreger hat. Bestimmte Fäulniserreger können sich deshalb in dem geflößten Holz überhaupt nicht entwickeln und es somit auch gar nicht zerstören. Durch das fließende Wasser werden nämlich die Säfte des Holzes, soweit sie wasserlöslich sind, und das sind sie zum größten Teile, mehr oder minder ausgelaugt. Diese Auslaugung geht natürlich sehr langsam vor sich und dauert, wenn man sie vollkommen durchführen will, mindestens zwei bis drei Sommer. Eine so lange Wässerung kommt aber natürlich beim Flößen nicht in Frage.

Man hat nun auch schon vorgeschlagen, das frisch gefällte Holz, das man nicht gleich abfahren kann, im Walde in Bacherweiterungen und ähnlichen fließenden Gewässern auszulaugen. Zu diesem Zwecke muß man es aber vorher entrinden und zerteilen. Da aber auch nicht immer in unmittelbarer Nähe des Holzschlages geeignete fließende Gewässer zu finden sein werden, so macht sich dann mitunter ein mehrfacher Transport nötig, der auch nicht gerade zur Vereinfachung und Verbilligung beiträgt. Außerdem würde der Erfolg auch nur ein ziemlich fraglicher sein, da die Wässerung ziemlich lange dauern müßte, wenn man die mitunter großen Holzmengen auslaugen wollte.

---

[4]) Siehe Abschnitt: Holzimprägnierung Seite 60.

Die Wässerung an eigens dafür angelegten Becken in der Nähe der Verwendungsstellen, wo oft genügend Wasser und Platz vorhanden ist, kann aber ebenfalls in den seltensten Fällen in Frage kommen, da die künstliche Anlage solcher Becken dermaßen hohe Anlagekosten verursacht, das jede Wirtschaftlichkeit von vornherein ausschaltet.

Im großen und ganzen liegt nun die Gefahr der Vernichtung oder des Minderwertigwerdens des Holzes im Walde, und zwar werden von den Fäulniserregern oft auch lebende Bäume befallen. Einen zuverlässigen Schutz gegen diese Gefahren gibt es nicht.

Die Ursachen dieser Zerstörungen sind nun Bakterien, Pilze, Sporen und andere Mikroorganismen. Diese Organismen sind überall vorhanden und befallen alles Holz, also auch das lebende und auf dem Stamme stehende, namentlich, wenn es durch andere Ereignisse und Einflüsse geschwächt ist. Diese Schädlinge fressen sich dann gewissermaßen durch das Holz hindurch und bringen es zur Fäulnis. Es verhalten sich nun die einzelnen Holzarten von Haus aus verschieden gegen die Einflüsse dieser Schädlinge, aber gerade unsere einheimischen Nadelhölzer und vielfach auch die Laubhölzer weisen im allgemeinen nur eine geringe Widerstandsfähigkeit gegen die Fäulnis auf.

Das Faulen des Holzes geht nun von der Zerstörung gewisser Saftbestandteile aus und wird meistens durch gewisse Pilze eingeleitet oder doch wenigstens sehr gefördert, woraus sich auch die große Ansteckungsgefahr erklärt. Das Ersticken oder Anlaufen (Braun- oder Blauwerden) des Holzes, auf das weiter unten noch näher eingegangen werden soll, ist nicht unbedingt gefährlich, wenn das davon befallene Holz schnellstens verarbeitet wird.[5])

Unter dem Faulen sind nun drei verschiedene Vorgänge zu verstehen:

1. die nasse Fäule, die eine braune Masse liefert, tritt ein, wenn das Holz mit nasser Erde oder dergleichen in Berührung steht oder wenn es dauernd naß und trocken wird.
2. Die Trockenfäule wird gekennzeichnet durch eine helle und mürbe Masse.
3. Die Humifizierung oder beginnende Vertorfung wird durch die Berührung mit Mörtel sehr gefördert.

---

[5]) Siehe Seite 56.

1 und 3 sind Reduktionsvorgänge, 2 ist ein Oxydationsvorgang. Für Nutzholz auf dem Lagerplatz und im Walde kommt nun in erster Linie die nasse Fäulnis in Frage, seltener jedoch die Trockenfäule.

Die nasse Fäule ist nun auf die Tätigkeit gewisser Bakterien oder Fäulniserreger zurückzuführen.

Diese Fäulnisbewohner oder Saprophyten wachsen nur da, wo gewisse organische Körper in Fäulnis oder Verwesung übergegangen sind, und nähren sich aus den organischen Verbindungen, in welche dabei die toten vegetabilischen Bestandteile zerfallen. Zu diesen gehören auch die Schimmelpilze und viele andere kleine Pilze, welche nur auf verwesenden oder faulenden Pflanzenteilen gedeihen, desgleichen diejenigen mikroskopisch kleinen Pilze, welche die Begleiter der Gärungen sind. Aber auch die sogenannten Humusbewohner sind hierher zu rechnen, welche nur auf Humusboden wachsen und sich aus den organischen Verbindungen des durch die Verwesung der vegetabilischen Teile entstandenen Humus ernähren. Hierher gehören also auch die zahlreichen Schwämme.

Gewisse dieser Pilze scheinen nun für die Ernährung der Pflanzen unentbehrlich zu sein, indem nämlich die Saugwurzeln dieser Pflanzen an ihrer ganzen Oberfläche innig mit einem aus Pilzfäden gesponnenem Mantel verwachsen sind, welcher die Nahrung vom Boden auf die Wurzel überträgt. Aus Pilz und Wurzel ist dann ein einheitliches Organ, eine sogenannte Pilzwurzel entstanden. Es handelt sich hierbei um Miceliumfäden von Pilzen, welche ausnahmslos in jedem Humusboden vorkommen, aus diesem sich ernähren und sobald die Wurzeln der betreffenden Pflanzen in denselben gelangen, mit diesen in Sambiose, d. h. eine Gemeinschaft des Lebens treten und der Pflanze von den von ihnen aufgenommenen Humusstoffen einen Teil verabreichen. Mit solchen Pilzwurzeln regelmäßig versehen sind auch besonders unsere Nadelhölzer.

Die Zahl dieser Fäulnisbewohner ist nun außerordentlich groß, ihre Bestimmung ist nicht einfach, da sie oft nur mikroskopisch feststellbar sind und oft auch sehr viel Ähnlichkeit miteinander haben.

Diese zerstörenden Mikroorganismen bedürfen nun zu ihrer Entwicklung und Tätigkeit der Luft und der Feuchtigkeit, sowie eines gewissen Wärmegrades. Wo diese nicht vorhanden sind, können sie sich nicht entwickeln. Man muß also demnach den großen Verlusten an Holz durch Fäulnis dadurch vorzubeugen suchen, daß man es so lagert, daß diese drei Bedingungen niemals gleichzeitig gegeben sind.

Während nun feuchtes, nicht aber unbedingt nasses Holz, in der Berührung mit der Luft stets der Fäulnis ausgesetzt ist, die je nach Dauerhaftigkeit und Widerstandsfähigkeit des betreffenden Holzes mehr oder weniger schnell und stark auftritt, ist trockenes und auch vollkommen trocken bleibendes Holz gegen Fäulnis geschützt und wird von dieser auch erst befallen, wenn es dauernd in Feuchtigkeit oder in feuchte Luft gelangt. Ebenso ist auch die Feuchtigkeit allein, also ohne Luftzutritt imstande, das Holz zum Faulen zu bringen. Andererseits ist das Holz dauernd und vollständig vom Wasser umgeben und dadurch vollkommen von der Luft abgeschlossen ist auf diese Weise auch am besten gegen Fäulnis geschützt.

Meistens ist aber das feuchte Holz auch zugleich der Berührung mit der Luft und in diesem Falle, sofern es nicht austrocknen kann, unweigerlich der Fäulnis ausgesetzt. Allerdings handelt es sich dabei durchaus nicht um die Feuchtigkeit, die durch oberflächliches Naßwerden, z. B. durch Regen oder Schnee entsteht und bald wieder auftrocknet, so daß sie ziemlich ungefährlich ist, als vielmehr um die innere Feuchtigkeit, die das Holz von innen her durchdringt und sich nur in den seltensten Fällen durch Austrocknen vollständig beseitigen läßt. Aber auch wenn das Holz nach erfolgtem und vielleicht auch vollkommenen Austrocknen dauernd in Feuchtigkeit kommt, z. B. auf nassem Grund und Boden lagert, so wird es allmählich von der Nässe durchdrungen, da es sehr hygroskopisch ist. In solchen und ähnlichen Fällen ist dann die Feuchtigkeit dauernd und bewirkt die Fäulnis des Holzes, sowie es mit der Luft in Berührung kommt, was stets der Fall sein wird.

Diese Holzkrankheiten, die als Ringschäle, Rotfäule, Weißfäule, Wundfäule, Grünfäule, Blaufäule und auch als Hausschwamm bekannt sind, beruhen auf dem Auftreten und auf der Tätigkeit niederer Pflanzenarten. Diese Pflanzen bestehen meist aus einem mikroskopisch erkennbaren Pilz, der durch unzählige Pilzfäden für sich und seine Sporen die Nahrung aus dem Holze zieht. Diese Pilzfäden wirken dann auch gleichzeitig als Erreger einer chemischen Zersetzung.

Der Stoff der Zellen wird demnach zum Aufbau dieser Mikroorganismen verwendet. Der Stoff wird unter Neubildung von Alkohol, Wasser, ätherischen Ölen und dergleichen zersetzt, wobei mitunter auch nur die inkrustierenden Bestandteile zerstört werden, mitunter wird aber auch die ganze Zellulose zerstört. Es bleibt dann an Stelle der Zellen eine gummiartige Substanz übrig, mitunter geht aber auch die ganze Substanz der Zellen zugrunde. Es bilden sich dann hohle Stellen im Holzkörper.

Da diese Pilze überall vorhanden sind, so liegt eine große Gefahr für die Lagerbestände vor. Wenn sich die Fäulnis aber einmal unter den Beständen zeigt, dann ist eine gewissenhafte Untersuchung erforderlich. Alles befallene und verdächtige Holz muß aussortiert und falls noch möglich schnellstens verarbeitet oder sonst vernichtet werden, da sonst unter Umständen auch das gesunde Holz angegriffen wird.

Am harmlosesten von allen den Fäulniserscheinungen ist noch die Blaufäule, die besonders häufig bei der Kiefer auftritt.[6]) Diese Färbung macht sich besonders da zuerst bemerkbar, wo das Holz auf dem feuchten Boden aufliegt, und teilt sich dann nach und nach auch dem ganzen Stamm mit. Die Meinungen über die Güte und die Verwendbarkeit des blaufaulen Holzes gehen noch weit auseinander, es ist aber erwiesen, daß die technischen Eigenschaften, also Zug-, Druck-, Biegungs- und Scherfestigkeit darunter nicht leiden. Die Erreger der Blaufäule nähren sich nämlich nur von den im Holze befindlichen Säften, wie Zucker und Stärke, und greifen das Gerüst des Holzes und die Zellulose nicht an. Man kann daher wohl auch annehmen, daß das von der Blaufäule befallene Holz für die meisten anderen Zwecke noch gut verwertbar ist.

Bis vor nicht zu langer Zeit nahm man an, daß der Erreger dieser am häufigsten auftretenden Holzkrankheit ein Pilz, Ceratostomella pinifera, sei. Von Münch wurde jedoch nachgewiesen, daß diese Mißfärbung auf die Tätigkeit verschiedener Pilze zurückzuführen ist, die alle der Familie der Ceratosomamaceae angehören und daß alle Pilze dieser Familie daran beteiligt sind. Allerdings sind die einzelnen Pilzarten auch auf verschiedenen Holzarten anzutreffen, so der C. pinifera, der allerdings der häufigste ist, nur auf der Kiefer, der C. picea kommt namentlich auf der Fichte vor, der C. coerulea auf Fichte, Kiefer und Tanne, der C. cana auf der Kiefer.

---

[6]) Siehe auch Seite 53.

Trotzdem nun alle diese Pilze eine deutlich wahrnehmbare Blaufärbung des Holzes hervorrufen, ist das Mycel nicht blau, sondern anfangs farblos und später braun. Das hat seine Erklärung in einer optischen Erscheinung, indem infolge der feinen Verteilung der an und für sich braunen Mycelfäden im durchscheinenden weißen Holz die Blaufärbung entsteht. Da diese Pilze alle nur von dem Nährstoffinhalte der Zellen leben, so können sie infolge Nahrungsmangel nur bis zum Kern vordringen. Das Blauwerden ist nun insofern ansteckend, als die Pilze durch Windverwehung und gewisse im Holze brütende Käfer verbreitet werden und somit auch ganz gesundes Holz befallen können.

Es wird auch nicht nur im Walde liegendes Holz von den Pilzen befallen, sondern auch auf dem Lagerplatz aufgestapeltes und auch Schnittholz. Es ist daher von größter Bedeutung, daß der Pilz im Walde und auf dem Lagerplatz mit aller Kraft bekämpft wird. Diese Bekämpfungs- bzw. Vorbeugungsmaßregeln sind nun zu unterscheiden in solche, die im Walde vorgenommen werden müssen, und solche, die man auf dem Lagerplatz anwenden muß, wenn sich der Pilz zeigt. Schon bei dem stehenden Holz ist Vorsicht zu üben, da diese Pilze auch kränkelndes Holz an lebenden Bäumen befallen können. Wenn auch solches kränkelndes Holz als Nutzholz gar nicht in Frage kommen kann, so bilden doch solche Stämme den Herd für den Befall von gesunden Bäumen. Solche befallene Bäume sind dann schnellstens auf dem Wege der Durchforstung zu entfernen.

Beim gefällten Holz kommt eine Eigenschaft zustatten, die darin besteht, daß die Pilze eine ganz bestimmte Feuchtigkeitsmenge zu ihrer Entwicklung brauchen. Weder zu nasse noch zu trockene Stämme werden von den Erregern der Blaufäule befallen. Man muß entweder für rasche Trocknung sorgen oder das Holz wässern. Auf die Vorteile des Wässerns wurde schon näher eingegangen.[7]) Wenn das Holz im Winter gefällt und vor dem Eintritt wärmerer Witterung abgefahren werden kann, so entgeht man der Gefahr der Ansteckung durch die Erreger der Blaufäule. Wenn man jedoch aus besonderen Gründen eine Sommerfällung vornehmen muß, dann kann man die Austrocknung bzw. die Entziehung der Säfte dadurch beschleunigen, daß man die gefällten Stämme vor dem Entrinden und Aufarbeiten mit der Krone liegen läßt. Das Holz

---

[7]) Siehe Seite 52.

wächst dann aus, da die weiter grünende Krone des während der Vegetationsperiode gefällten Holzes den Stämmen den Saft, also auch die Nährstoffe entzieht, von denen die Fäulnisbewohner und -erreger leben. Nach dem Aufarbeiten muß dann das Holz allerdings baldigst abgefahren werden.

Besser und zuverlässiger ist ja die bereits mehrfach erwähnte Auslaugung des Holzes, die aber nur in den seltensten Fällen durchführbar ist. Solche Fälle treten überall dort ein, wo als natürliches Beförderungsmittel für das Holz der Wasserweg gewählt werden kann, wo man also mit Trift oder Flößung zu tun hat. Beim Triften bzw. Flößen werden dem Holz durch den längeren Aufenthalt im fließenden Wasser die Nährstoffe durch Auslaugung entzogen, so daß den Erregern der Blaufäule die zur Entwicklung erforderlichen Lebensbedingungen fehlen und sie sich nicht entwickeln können. Geflößtes Holz wird erfahrungsgemäß niemals blaufaul.

Aber auch auf dem Lagerplatz treten die Blaufäulepilze oft auf, ihre Bekämpfung erfordert besonders hier viel Sorgfalt. Namentlich in der Zeit von Mitte Juli bis Ende Oktober ist die Gefahr groß, so daß man sie auch direkt als Blauzeit bezeichnet. Hier ist durch eine zweckentsprechende Lagerung und gewissenhafte Beobachtung der Lagerbestände viel zu erreichen. Ein gutes und brauchbares und vor allen Dingen auch wirtschaftliches Mittel zur Vorbeugung scheint die dauernde Feuchterhaltung des Holzes zu sein.

Diese Feuchterhaltung würde aber nicht nur die Erreger der Blaufäule, sondern auch die anderen Fäulniserreger in ihrer Entwicklung hemmen oder diese ganz unmöglich machen. Tatsächlich sind damit auch bereits Versuche angestellt worden, die auch ganz zufriedenstellende Erfolge gezeitigt haben.

Nach Versuchen von Münch zeigte sich nämlich, daß keiner der zerstörenden Pilze frisches Holz befiel, das noch 50 v. H. Wasser enthielt. Wenn aber das Holz getrocknet war, dann drangen die Pilze tiefer ein und schädigten es. Diese Schädigung war um so größer, je trockner das Holz war. Bei 25 v.H. Wassergehalt drangen die Pilze nur wenig ein, um so stärker war aber die Schädigung bei 25 bis 42 v. H., um dann bis zu 54 v. H. abzunehmen und bei 59 v. H. ganz aufzuhören.

Wie schon weiter vorn erwähnt, gehört aber zum Gedeihen der Fäulniserreger auch eine bestimmte Menge Luft.[8]) Dar-

[8]) Siehe Seite 54.

aus ergibt sich, daß eine Konservierung der Lagerbestände in gewissen Grenzen durch Besprengung erzielt werden kann. Dauerndes Besprengen oder ein leichter Nebel genügen, um das Holz hinreichend naß zu erhalten und es so gegen Fäulnis zu schützen. Auf diese Weise erreicht man auch gleichzeitig einen wirksamen Schutz gegen Feuersgefahr.

Besprengtes Holz setzt nun zwar außen Schimmel an, doch ist diese Erscheinung nur oberflächlich und bewirkt keine tiefergehende Verfärbung. Eine ähnliche und wahrscheinlich auch noch gründlichere Wirkung würde durch die Lagerung des Holzes um Wasser zu erzielen sein, wie das beim geflößten Holz möglich ist, wenn es die örtlichen Verhältnisse gestatten.

Man hat ja auch Versuche mit chemischen Konservierungsmitteln gemacht, die billig sind und die eine Anwendung auch im Großen gestatten. Diese Verfahren haben aber nichts mit den im folgenden Abschnitt besprochenen Imprägnierungsverfahren zu tun. Zum Teil aber haben auch diese Mittel den Nachteil, daß sie das Holz verfärben, so daß dadurch seine Verwendungsmöglichkeit eingeschränkt wird.

Als ein brauchbares und vor allen Dingen auch billiges und unschädliches Mittel, das auch antiseptisch wirkt und somit die Fäulnis des Holzes verhütet, hat sich Natriumfluorid erwiesen. Hinter diesem folgt Borax, besser aber noch soll Borsäure wirken, die aber wegen des hohen Preises wieder weniger in Frage kommen kann. Dinitrophenolnatrium in etwa ⅛prozentiger Lösung verspricht wohl ebenfalls Erfolge, hat aber den oben erwähnten Nachteil- das Holz leicht zu verfärben. Obgleich sich diese Färbung durch Waschen beseitigen läßt, so bleibt das Holz doch immer noch brauner als normal. Ähnlich wirken Natriumbikarbonat und Natriumkarbonat, die beide zwar sehr wirksam sind, aber in zwei- und mehrprozentiger Lösung das Holz stark verfärben.

Alle die zerstörenden Mikroorganismen sind nun unempfindlich gegen die verhältnismäßig hohe Temperatur von 120° C, die zur Holztrocknung nicht Anwendung finden kann, und auch gegen die Zeit.[9]) Man kann sie also auch durch erhitzte Luft nicht zuverlässig abtöten.

Auf die Güte und die Widerstandsfähigkeit des Holzes hat nun die Zeit des Schlagens unbedingt einen Einfluß. Als beste Zeit ist die Zeit der Vegetationsruhe, also der Winter, anzu-

---

[9]) Siehe Seite 54.

sehen, da dann die Säfte in haltbarerer Form abgelagert sind als im Sommer, wo sie im Stamme zirkulieren. Daraus ergibt sich auch wieder, daß das in Gegenden mit langem und schwerem Winter gewachsene Holz besonders gute Eigenschaften haben muß.

Im allgemeinen kann man sagen, daß sich im Winter geschlagenes Nadelholz länger und besser in der Rinde hält, und zwar bis zu etwa zwei Jahren, bei längerem Lagern macht sich ein Vorschälen nötig, was aber bei dem im Sommer geschlagenen Holz stets vorgenommen werden muß, um ihm ein rasches Austrocknen zu ermöglichen. Das Liegenlassen in der Rinde ist aber auch bei dem im Winter geschlagenen Holz möglichst zu vermeiden, da es leicht zu Brutstätten für allerlei Schädlinge werden kann.

Die Imprägnierung des Holzes.

Die Imprägnierung des Holzes hat in den letzten Jahren sehr an Bedeutung gewonnen, um so mehr, als man es jetzt immer mehr als Baustoff verwendet. Aus den vorhergehenden Abschnitten zeigt sich, daß alles Holz mehr oder weniger zerstörenden Einflüssen ausgesetzt ist, die den Verfall früher oder später zur Folge haben würden, wollte man nicht durch geeignete Behandlung diesen Zustand verhindern oder sein Eintreten wenigstens auf längere Zeit hinauszuschieben suchen. Einer der gefährlichsten Feinde, selbst des gesündesten Holzes, ist nun der dauernde Wechsel zwischen naß und trocken, wie es besonders bei Holz zu Grubenhölzern, Eisenbahnschwellen, Telegraphenstangen, Lichtmasten, Wasserbauten usw. zutrifft, der es verhältnismäßig rasch zum Faulen bringt.

Es sind nun gerade auf dem Gebiete der Holzimprägnierung in den letzten Jahren große Fortschritte gemacht worden, indem man den Zerstörungserscheinungen wissenschaftlich auf den Grund ging und darauf entsprechende Konservierungsverfahren aufbaute. Über die Ursachen der Zerstörungen wurden in den vorhergehenden Abschnitten ausführlich gesprochen.

Das früher angewendete Ankohlen des Holzes hat nur eine geringe Oberflächenwirkung, es ist zwar nicht zu verkennen, daß die Hitze eine Abtötung etwa vorhandener Pilze und Schädlinge zur Folge hat. Der Schutz erstreckt sich aber nur auf den behandelten Teil und ist auch nicht von großer Dauer, außerdem benachteiligt er die Festigkeit des behandelten Stückes.

Der wirksamste und zweckentsprechendste Schutz des Holzes kann aber nur durch eine direkte Imprägnierung erreicht werden. Diese besteht darin, daß man in das Holz solche Stoffe einbringt, die dem Eindringen des Wassers, der Bakterien, Sporen, Pilze, Insekten usw. einen genügend hohen Widerstand entgegensetzen, daß eine Fäulnis oder eine sonstige Zerstörung für längere Zeit sicher verhindert wird.

Es gibt nun eine ganze Reihe solcher Stoffe, die zur wirksamen Imprägnierung dienen, z. B. Harz- und Fettstoffe (Wachs, Paraffin, Talg, Leinöl, Firnis usw.). Diese Stoffe verhindern das Eindringen des Wassers und verhüten die Fäulnis. Diese Mittel, die alle tatsächlich angewendet werden, sind aber mehr oder minder kostspielig; da sie nur oberflächlich angewendet werden, so verschwinden sie durch mechanische und chemische Einflüsse mehr oder weniger bald wieder und müssen dann erneuert werden.

Für Telegraphenstangen, Schiffbauhölzer, Eisenbahnschwellen, Grubenhölzer und Hölzer zu Wasserbauten, kurz für alle Hölzer, die technische Verwendung finden sollen, sind sie nicht geeignet. Es kommen hier andere Imprägnierungsverfahren in Anwendung, die vor allem billig sind und den Schutz des Holzes auf längere Zeit gewährleisten, ohne erneuert werden zu müssen. Für diese Zwecke kommen folgende Stoffe in Frage:

1. Metallsalze,
2. antiseptisch wirkende Mittel.

Zu den verwendeten Metallsätzen gehören: Kupfervitriol, Eisenvitriol, Quecksilberchlorid (Sublimat) und Zinkchlorid; zu den antiseptisch wirkenden Mitteln dagegen: Kreosat und Teeröl.

Das älteste Imprägnierverfahren ist das Tränken des Holzes mit Quecksilberchlorit (Sublimat), auch als Kyanisieren nach dem Erfinder J. Howard Kyan, einem Engländer, bezeichnet. Das Verfahren spielt auch heute noch eine große Rolle. Man verwendet dazu eine zweidrittelprozentige Lösung von Quecksilberchlorid. Das ursprüngliche Verfahren war eine ziemlich oberflächliche Behandlung, so daß das Sublimat nicht genügend tief in den Holzkörper eindrang. Heute hat man es aber so verbessert, daß es gründlich und auch tief nach innen wirkt. Die Stämme werden zunächst von Rinde und Bast befreit und dann sorgfältig getrocknet.

Nach dem Trocknen werden sie, falls es sich um Schnittholz handelt, in Bohlen geschnitten, im anderen Falle ganz belassen und in Holz- oder Betonbottichen in die Imprägnierflüssigkeit eingelegt, wo sie eine bis zwei Wochen verbleiben müssen. Es saugen sich hierbei aber nur die äußeren Schichten des Holzkörpers mit der Lösung voll, jedoch immerhin ausreichend tief, vor allen Dingen viel tiefer als bei dem ursprünglichen Verfahren. Die stark antiseptische Wirkung des Quecksilberchlorides oder Sublimates bildet einen ziemlich zuverlässigen Schutz gegen Fäulnis und Schädlinge. Bei Nadelhölzern hat man bis zur ausreichenden Imprägnierung mit einer Dauer von 8 bis 10 Tagen zu rechnen, bei Eichenholz von 12 bis 14 Tagen.

Das Quecksilberchlorid läßt sich aus dem Holze kaum wieder auslaugen. Das hat seinen Grund darin, daß sich unter der chemischen Einwirkung des Lichtes das lösliche Quecksilberchlorid in eine unlösliche Verbindung umwandelt, die sich mit dem Holze fest verbindet. Dieser Umstand sichert dem Kyanisieren einen großen Vorteil gegenüber anderen Verfahren. Der Nachteil dieses Verfahrens besteht darin, daß es infolge der Giftigkeit des Sublimates für viele Zwecke nicht verwendbar ist.

Das Paynisieren, nach dem Erfinder Payne, ebenfalls einem Engländer, genannt, besteht in der Verwendung von zwei verschiedenen Salzen, die sich im Holz unlöslich miteinander verbinden, so daß das Auslaugen ausgeschlossen ist. Das Verfahren beeinflußt außerdem Härte, Farbe, Schwere und Polierfähigkeit des Holzes günstig, so daß poliertes Holz mitunter einen metallischen Glanz annehmen kann. Es kommen Eisenvitriol und Kalklösung oder Schwefelbaryum zur Anwendung. Das Paynisieren ist aber nur bei kleineren Holzstücken verwendbar, da die Lösungen genügend tief in das Holz eindringen müssen, weil sich der Niederschlag, der sich bei der Verwendung der beiden Salze bildet, direkt unter der Oberfläche absetzt und so das weitere Eindringen unmöglich macht. Das Verfahren, auf das man wohl große Hoffnungen setzte, hat sich infolgedessen nicht sehr bewährt und wird kaum ausgeübt.

Das Boucherisieren, nach dem Franzosen Boucherie genannt, beruht auf der Anwendung von Kupfervitriol und hat eine große Verbreitung erlangt. Das Boucherisieren erfolgt nach dem sogenannten Saftverdrängungsverfahren. Das das Auflegen eines Kautschukringes und ein auf diesen fest aufliegendes Brett mit einer luftdichten Kappe versehen, in Holz muß frisch gefällt und in der Rinde möglichst wenig verletzt sein. Die Stämme werden dann an der Hirnfläche durch welche die Lösung eingeführt wird. Die einprozentige Kupfervitriollösung wird dem Holz aus einem etwa 10 m hoch stehendem Gefäß zugeführt und dringt mit dem Drucke von etwa 1 Atmosphäre gegen das Stirnende des Stammes vor. Sie tritt in die Poren des Holzes ein, kann aber seitlich nicht austreten, da sie von der Rinde daran gehindert wird. Die Lösung verdrängt den Zellsaft aus dem Holze vollständig und drückt ihn auf der anderen Seite des Stammes heraus, während sie die Poren des Holzes ausfüllt. Wenn am Stammende die blaue Flüssigkeit erscheint, dann ist die Imprägnierung beendet. Sind die Stämme sehr lang, dann bringt man in der Mitte noch einen Einschnitt an, an dem man die Lösung gleichfalls ansetzt. Durch das Verfahren wird eine fast vollkommene Tränkung des Holzes erzielt, da der ganze Splint vollgesogen wird, nur das Kernholz bleibt unberührt, so daß das Imprägnierungsmittel mit der Zeit auch wieder ausgelaugt wird.

Das Burnettisieren, nach dem Erfinder Burnett benannt, beruht auf dem Druckverfahren von Breant, das grundsätzlich folgendermaßen wirkt: Die Imprägnierflüssigkeit wird durch hohen Druck in das Holz gebracht. Man verwendet dazu einen luftleeren Raum (eisernen Imprägnierzylinder), in den zunächst Wasserdampf eingelassen und das Holz etwa 3 Stunden unter etwa 3,5 Atm. Druck gedämpft wird. Nach dem Dämpfen wird durch starke Luftpumpen die Luft aus dem Zylinder herausgepumpt, was mehrere Stunden dauert und dann, wenn der erforderliche Grad der Luftleere erreicht ist, die Imprägnierungsflüssigkeit unter Druck von 8 bis 10 Atm. in den Zylinder gepreßt, was wieder ziemlich lange dauert. Die überschüssige Flüssigkeit wird dann entfernt und das Holz wieder aus dem Zylinder ausgefahren.

Man kann mit diesem Verfahren alle überhaupt tränkbaren Holzteile imprägnieren, was ein großer Vorteil ist. Burnett verwendet nun zu dem Verfahren Zinkchlorid. Das Verfahren wird viel zum Imprägnieren von Eisenbahnschwellen verwendet, es hat aber den Nachteil, daß das Metallsalz löslich ist und durch Regen und Schnee mit der Zeit wieder aus dem Holze herausgewaschen wird. Um das zu verhindern, hat man der Lösung Teeröl zugesetzt, das nicht wieder ausgelaugt werden kann; man will damit auch das Metallsalz in dem Holz halten. Der Erfolg war aber nicht zufriedenstellend, außerdem hat das Verfahren noch andere Nachteile. Bei der Lösung des Zinkchlorides durch Wasser wird nämlich Salzsäure frei, die das Holz zerstört und die damit in Berührung kommenden Eisenteile angreift. Das Zinkchlorid ist außerdem sehr hygroskopisch und hält somit das Holz dauernd feucht. Man hat nun versucht, durch Beimischung von anderen Stoffen die Lösung und Zersetzung des Zinkchlorides unmöglich zu machen; die Versuche darüber können aber noch nicht als abgeschlossen gelten.

Das Bethellisieren besteht in der Anwendung von Teeröl an Stelle der Metallsalze. Man hatte wohl schon früher versucht, Teeröl zu verwenden, aber keine großen Erfolge erzielt. Das Teeröl hat einmal eine antiseptische Wirkung und kann andererseits nicht wieder aus dem Holze ausgelaugt werden, es verhindert aber auch das Eindringen des Wassers in das Holz. Ein guter und zufriedenstellender, dauernder Erfolg ist aber nur zu erzielen, wenn das Teeröl genügend tief in das Holz eindringt.

Das neuere, verbesserte Verfahren nach Rütgers besteht nun aus zwei getrennten Verfahren, und zwar:

1. Trocknen des Holzes im Vakuum durch das erhitzte Teeröl.
2. Tränken des getrockneten Holzes unter hohem Druck.

Beide Vorgänge werden in einem eisernen Imprägnierzylinder vorgenommen, in den das Holz eingebracht wird. In dem Zylinder herrscht ein Vakuum von 60 cm Quecksilbersäule, das etwa 15 Minuten lang unterhalten wird. Dann wird unter weiterer Luftverdünnung das erhitzte Teeröl in den Zylinder gelassen und durch Rohrschlangen langsam auf 110° erwärmt. Das Holz verliert unter der Einwirkung des Vakuums und der Hitze den größten Teil seines Wassers; der entstehende Wasserdampf wird in einem Kondensator niedergeschlagen und abgelassen. Nun beginnt die eigentliche Tränkung, indem der Zylinder vollständig mit Teeröl gefüllt und dann der Inhalt durch starke Pumpen auf 8 bis 10 Atm. Druck gebracht wird. Wenn die Tränkung beendet ist, wird das Holz ausgefahren und an der Luft getrocknet. Das Verfahren eignet sich vor allen Dingen für große Mengen Holz und gibt ihnen einen langandauernden, sicheren Schutz gegen Fäulnis und Schädlinge. Der Nachteil des Verfahrens besteht darin, daß das Holz infolge der großen Mengen aufgenommenen Teeröls sehr schlecht aussieht und einen unangenehmen

Geruch ausströmt. Aber auch die Brennbarkeit des Holzes wird bedeutend erhöht, was wohl bei im Freien verwendeten Hölzern nicht schadet, bei Grubenholz aber unerwünscht ist, so daß das Verfahren für diese Zwecke nicht in Frage kommen kann. Das Verfahren ist infolge des hohen Verbrauches an Teeröl auch teurer als das Tränken mit Metallsalzen.

Es zeigte sich nun, daß im Laufe der Zeit ein großer Teil des Teeröles unter der Einwirkung der Wärme wieder ausschwitzt, ohne daß die Widerstandsfähigkeit gegen schädliche und zerstörende Einflüsse darunter leidet. Man suchte daher mit weniger Teeröl auszukommen und erhielt so das Rüpringsche Teeröl-Sparverfahren, bei dem man nur etwa 60 v. H. der beim Bethellisieren benötigten Teerölmengen braucht. Das Holz wird hier zunächst in einem Zylinder einem Druck von etwa 5 Atm. ausgesetzt, so daß sich die Poren mit Druckluft füllen, alsdann wird das Teeröl unter einem wesentlich höheren Druck eingepreßt. Wenn die weitere Ölzufuhr aufhört, dann treibt die im Holze noch befindliche Druckluft das überschüssige Teeröl aus dem Holze aus, was man durch ein Vakuum noch beschleunigen kann. Auf diese Weise bleibt im Holze nur soviel Teeröl zurück, daß die Zellenwandungen mit einer dichten Teerölschicht bedeckt sind, die für einen sicheren Schutz gegen Fäulnis vollkommen genügt. Das nach diesem Verfahren imprägnierte Holz weist also die Nachteile des Bethellisierens nicht auf, besitzt aber Vorteile. Vor allen Dingen wird das Holz in der Sonnenhitze nicht mehr weich, es ist auch leichter und läßt sich auch streichen. Die Ersparnisse an Teeröl sind gegenüber dem Bethellisieren bedeutend, die Kosten bleiben aber immer noch so hoch, daß das Verfahren da nicht in Frage kommt, wo es sich darum handelt, große Mengen billiges Holz von großer Haltbarkeit zu schaffen, wie z. B. im Bergbau. Der Bergbau kann bei den großen benötigten Mengen an Grubenholz nur ganz billige Imprägnierungsverfahren brauchen, so daß hier das Rüpringsche Teeröl-Sparverfahren gleichfalls ausscheiden muß, zumalen das Holz an Entzündbarkeit ganz beträchtlich gewinnt.

Für diese Zwecke verwendet man an Stelle der Metallsalze Naphtalinsaures Zink, Kieselfluornatrium, schwefelsaures Eisen, schwefelsaure Tonerde usw. Diese Stoffe haben wohl alle eine stark antiseptische Wirkung, besitzen aber zum Teil den Nachteil, daß sie Schwefelsäure abspalten, die dann das Holz angreift, so daß wohl eine Fäulnis verhindert, das

Holz aber auf andere Weise zerstört wird. Man sucht nun die Wirkung der freiwerdenden Schwefelsäure unwirksam zu machen, indem man essigsaures Ammoniak und andere organische Säuren zusetzt. Diese Säuren verbinden sich mit der Schwefelsäure zu Essigsäure und Ammoniaksulfat, die für das Holz unschädlich sind. Man verbesserte dann die Verfahren weiter, indem man bei der Imprägnierung mit Metallsalzen Fluorsalze zusetzt. Diese Fluorsalze haben eine große konservierende Wirkung und lassen sich aus dem Holze nur sehr schwer wieder auslaugen, ohne daß das Holz irgendwie nachteilig beeinflußt wird. Der größte Vorzug der Verfahren besteht aber in der Billigkeit, so daß sie besonders für Grubenholz Verwendung finden können.

Die Imprägnierung erfolgt gleichfalls in eisernen Zylindern unter Vakuum, Siedetemperatur und Druck von etwa 8 Atm. Bei der Imprägnierung kleiner Mengen kann man sich auch des Bassinverfahrens bedienen, indem man die Hölzer etwa 24 Stunden in die Lösung legt. Das Verfahren hat dann den Vorzug noch größerer Billigkeit, erzielt allerdings keine so tiefgehende Imprägnierung wie das Zylinderverfahren.

Ein amerikanisches Verfahren tränkt das Holz mit Paraffin, das mit Naphthalin und Kieselerde vermengt ist. Als Kieselerde verwendet man fein pulverisierte Kieselgur. Die Behandlung des Holzes erfolgt im offenen Behälter unter Erwärmung, so daß das Paraffin flüssig wird, in die Hohlräume des Holzes eindringt und hier erstarrt. Die Hohlräume sind dann vollständig mit einer festen Masse gefüllt, die dem Eindringen des Wassers und der Insekten größten Widerstand auf längste Zeit entgegensetzt.

Das Flammsichermachen des Holzes.

Die vielseitige Verwendung des Holzes setzt mitunter eine besondere Imprägnierung voraus, die ein Flammsichermachen zum Zwecke hat. Schon in den ersten Anfängen dieses Bestrebens beging man den Fehler, von einem Feuersicher-, Feuerfest- und Unverbrennlichmachen des Holzes zu sprechen. Es wurde dadurch die vollkommen falsche Ansicht erweckt, als sei solches Holz tatsächlich feuerfest, also unverbrennbar, so daß man es überhaupt nicht entzünden könne. Natürlich kann dieses Ziel nicht erreicht werden, es lag auch gar nicht in der Absicht. Es zeigte sich nämlich, daß bei längerem Einwirken einer Flamme und der dadurch gesteigerten Temperatur das Holz trotzdem, wenn auch nur langsam, ankohlte und schließlich auch verbrannte. Infolgedessen war man natürlich geneigt, die ganze Sache als zwecklos und wertlos hinzuzustellen, da man das angestrebte und und erreichbare Ziel vollkommen verkannte.

Man muß sich klar darüber sein, daß es sich niemals darum handeln kann, im wahrsten Sinne des Wortes unverbrennliches Holz herzustellen, daß es sich vielmehr darum handeln muß, dem Material die leichte Entzündbarkeit zu nehmen, wenn es mit einer offenen Flamme in Berührung kommt. Eine Unverbrennlichkeit darf man, wie schon gesagt, auch von der besten Imprägnierung nicht erwarten. Man muß sich vor Augen halten, daß die Imprägnierung durch das Tränken des Holzes mit der Lösung eines geeigneten Schutzmittels erfolgt, wobei dieses in flüssiger Form mehr oder weniger tief in den Körper eindringt. Nach dem Trocknen des Mittels findet es sich in Form feiner Kristalle zwischen den Fasern vor. Diese Fasern sind also vollkommen unberührt geblieben, haben vielmehr ihre Brennbarkeit vollkommen bewahrt. Das Imprägniermittel umhüllt aber die einzelnen Fasern und schützt sie so vor rascher Entflammung und Verbrennung, aber nur so lange, als die durch die Flamme bewirkte Erhitzung der betroffenen Stelle nicht stark genug ist, um die trockene Destillation des Holzes, d. h. die Bildung brennbarer Zersetzungsgase zu begünstigen.

Diese Imprägnierungsverfahren sind nun sehr verschiedener Art. Bei der einfachen Imprägnierung, die mit löslichen Stoffen erfolgt, wird das Holz mit dem betreffenden Stoffe getränkt und dann getrocknet. Man verwendet dazu wolframsaures Natron, schwefelsaures Ammoniak und Wasserglas, die sich ohne alle Schwierigkeiten verwenden lassen. Auch eine Imprägnierung mit einer Lösung von schwefelsaurem Ammoniak im Gemische mit Gips ist einfach. Obwohl hier zum Imprägnieren zwei Stoffe verwendet werden, bleibt beim Trocknen jeder derselben unverändert zwischen den Fasern und umhüllt sie. Ein anderes Verfahren mit einem gelösten Gemenge von Borax oder borsaurem Natron und Bittersalz oder schwefelsaurer Magnesia ist ein gemischtes, denn die beiden hier angewendeten Imprägnierungsmittel zersetzen sich auf der Faser in nachstehender Weise:

Borsaures Natron und schwefelsaure Magnesia ergeben borsaure Magnesia und schwefelsaures Natron, es bildet sich also unlösliche borsaure Magnesia und lösliches schwefelsaures Natron. Die erste dieser Verbindungen schlägt sich auf und zwischen den Fasern nieder und kann nicht mehr entfernt werden, wie die zweite Lösung, da sie unlöslich ist.

Bei der einfachen Imprägnierung mit löslichen Salzen erhöht es den Wert des Imprägnierungsmittels, weil dieses einen niedrigeren Schmelzpunkt hat, wie z. B. schwefelsaures Ammoniak, wolframsaures Natron, phosphorsaures Ammoniak und phosphorsaures Natron. Wenn die mit solchen leicht schmelzenden Salzen imprägnierten Gegenstände einer hohen Flammentemperatur ausgesetzt werden, dann werden die einzelnen Fasern durch das schmelzende Imprägniermittel vollkommen durchtränkt, es bildet sich ein glasiger Überzug, der die Flammsicherheit wesentlich erhöht. Auch Salze, welche bei höherer Temperatur Gase entwickeln, können die Entwicklung einer Flamme oder deren Verbreitung wirksam verhindern.

Es ist bekannt, daß man mit brennendem Schwefel, also mit schwefliger Säure, ein kleines Feuer löschen kann, die schweflige Säure wird aber bei hohen Temperaturen von den verschiedensten schwefelsauren Salzen (Eisenvitriol, Zinkvitriol, Kupfervitriol, Manganvitriol, auch schwefelsaurer) Tonerde entbunden. Ebenso wie schweflige Säure wirken Ammoniak- und Salzsäuredämpfe. Erstere werden entwickelt, wenn mit schwefelsaurem Ammoniak imprägnierte Gegenstände einer hohen Flammentemperatur ausgesetzt sind. Salzsäuredämpfe bilden sich in gleichem Falle bei der Anwendung von Chlorzink, Chlormagnesium, Chloraluminium, Chlormangan, Chloreisen und Chlorkupfer. Auch Stickstoff und Kohlensäure wirken feuerlöschend, da sie den Zutritt der Luft zur Flamme verhindern.

Bei der Imprägnierung mit den in den Fasern sich niederschlagenden unlöslichen Stoffen, der sogenannten gemischten Imprägnierung, kann man, allerdings nur in Ausnahmefällen, ein Gemisch von zwei Stoffen anwenden. Die frische Fällung bleibt anfangs klar und scheidet erst nach der Imprägnierung in den betreffenden Gegenständen die unlöslichen Stoffe aus. In den meisten Fällen bildet sich doch der unlösliche Stoff sofort in der Lösung oder auch beim Zusammenbringen der beiden Salze. Man muß daher die Gegenstände erst mit der einen Lösung und nach dem Trocknen mit der anderen behandeln, um eine vollständige Umhüllung und somit den beabsichtigten Zweck zu erreichen. Es kommen da besonders unlösliche schwefelsaure, phosphorsaure, borsaure und kieselsaure Verbindungen in Frage, die man bei der sogenannten gemischten Imprägnierung durch Anwendung zweier Salzlösungen benutzt.

Unlösliche schwefelsaure Verbindungen scheiden sich bei aufeinanderfolgender Behandlung des Holzes mit Chlorkalziumlösungen oder Bleizuckerlösungen einerseits und Lösungen von schwefelsauren Salzen des Ammoniaks, Natrons, Kalis, der Magnesia, Tonerde, des Eisens, Mangans, Zinks oder Kupfers andererseits aus. Es entstehen hierbei folgende unlöslichen Stoffe: Gips oder schwefelsaurer Kalk, Schwerspat oder schwefelsaurer Baryt, schwefelsaures Blei; unlöslich hingegen bleiben: die Chlorverbindungen der vorgenannten mit Schwefelsäure verbunden gewesenen Metalle, von denen wieder diejenigen des Eisens, Mangans, Zinks, Kupfers und der Tonerde die Eigenschaft haben, sich teilweise mit dem zu imprägnierenden Holze chemisch zu verbinden, so daß sie in gewissen Mengen zurückgehalten werden, sobald der Imprägnierung ein Auswaschen folgt.

Unlösliche phosphorsaure Verbindungen werden bei der Tränkung mit phosphorsaurem Ammoniak oder Natron einerseits und Chlorkalzium, Salmiak und Bittersalz gemischt, Alaun, schwefelsaurer Tonerde, Eisen-, Mangan-, Zink- und Kupfervitriol sowie Bleizucker andererseits erzeugt, wobei Kochsalz, schwefelsaures oder essigsaures Natron und Ammoniak andererseits als unlösliches Salz entstehen und die Verbindungen der Phosphorsäure mit Kalk, Tonerde, Magnesia, Eise, Mangan, Zink, Kupfer oder Blei unlöslich in dem zu prägnierenden Holz abgelagert werden.

Die unlöslichen borsauren Verbindungen gelangen bei der Imprägnierung mit Boraxlösungen einerseits und Chlorkalzium, Chlormagnesium, Bittersalz, Eisen-, Mangan-, Zink-, Kupfervitriol, Chlorzink und Bleizucker andererseits zur Abscheidung, wobei Kochsalz, schwefelsaures und essigsaures Natron als im Wasser lösliche Salze erzeugt werden und die Verbindungen der Borsäure mit Kalk, Magnesia, Eisen, Mangan, Zink, Kupfer oder Blei unlöslich in dem Holze bleiben.

Unlösliche kieselsaure Verbindungen werden gebildet bei der Imprägnierung mittels Wasserglas einerseits und Chlorkalzium, Chlormagnesium, Bittersalz, Alaun, schwefelsaurer Tonerde, Eisen-, Mangan-, Zink-, Kupfervitriol oder Bleizucker andererseits, wobei Kochsalz, Chlorkalium, je nach dem Natron- oder Kaliwasserglas verwendet wird, essigsaurer

Natron, Glaubersalz oder schwefelsaures Kali als lösliches Salz ausgeschieden werden, während auf dem Holze als größtenteils unlösliche Überzüge die erzeugten Verbindungen der Kieselsäure mit Kalk, Magnesia, Tonerde, Eisen, Blei, Mangan, Zink oder Kupfer niedergeschlagen werden.

Am wertvollsten müssen bei der Imprägnierung mit löslichen Stoffen diejenigen sein, falls nicht besondere Gründe die Verwendung anderer Stoffe verlangen, die bei höheren Flammentemperaturen neben der leichten Schmelzbarkeit auch feuererstickende Gase bilden. Solche Gase sind Ammoniak, schweflige Säure, Salzsäure. Zu den leichtschmelzenden Stoffen gehören nun: Schwefelsaures und phosphorsaures Ammoniak, wolframsaures und phosphorsaures Natron, schwefelsaures Natron, kohlensaures Natron, Borsäure, Borax und borsaure Erden. Schwer schmelzbar sind Kochsalz, die meisten Kalisalze, das Wasserglas und die phosphorsauren und kieselsauren Erden und Metalle.

Die wertvolle Eigenschaft, neben leichter Schmelzbarkeit auch feuererstickende Gase zu erzeugen, haben nur das schwefelsaure und das phosphorsaure Ammoniak. Es sind das also die zwei wertvollsten Stoffe zum Flammsichermachen. Neben der Preiswürdigkeit der Imprägnierungsmittel kommen mitunter auch noch andere Eigenschaften in Frage, so besonders farbenverändernde Einwirkungen, die einigen Salzen eigen sind, und die von Bedeutung werden, wenn es sich um farbig anzustreichende Hölzer handelt, denn es ist unerwünscht, daß durch die Imprägnierung die Gegenstände, die eine bestimmte Farbwirkung haben sollen, sich in dieser Beziehung verändern. Ohne Einfluß auf die Färbung sind nachstehende Imprägnierungsmittel: Wolframsaures Natron, phosphorsaures Ammoniak, schwefelsaures Ammoniak, Gemische von Borax und Bittersalz, gefärbte und schwefelsaure Verbindungen, das alkolisch reagierende Wasserglas ist ungeeignet. Alle unlöslichen Mittel entwickeln keine feuererstickenden Gase.

Als einfache in der Praxis vielfach verwandte Mittel zum Flammsichermachen des Bauholzes werden folgende einfachen Mittel verwendet. Ein Überzug mit Lehmteig oder Gipsmilch, besser ein fünf- bis sechsmaliger Anstrich mit sehr dünner Wasserglaslösung, die mit etwas Ton oder Kreide oder Schwerspat versetzt ist. Ein anderes Mittel besteht in einer Chlorkalziumlösung, in der man gebrannten Kalk gelöscht hat.

Das Holz als Baustoffe und Ware.

Das ältere, um die Achse des Baumstammes liegende Holz, wird allmählich dichter und härter, zugleich aber auch trockner und zumeist auch dunkler in der Farbe. Man bezeichnet dies Holz dann als reifes Holz oder als Kernholz. Das Wachstum des Baumes wird einzig und allein durch das äußere Splintholz vermittelt, das weicher und auch heller in der Farbe ist. Es ergibt sich daraus, daß das Kernholz als das reife, auch die größte Widerstandsfähigkeit aufweist, so daß man alle wichtigen Bauteile, bei denen man Wert auf langen Bestand legen muß, daraus schneiden soll.

Das Gefüge des Holzes zeigt sich nun in drei Schichten:

1. Der Hirn- oder Querschnitt, der winkelrecht zur Stammachse genommen wird, zeugt den Kern und den Splint, die Jahresringe und die Markstrahlen.
2. Der Radialschnitt, der durch die Achse gelegt wird, zeigt unter anderem auch das Mark des Holzes in Form eines Spiegels.
3. Der Sehnenschnitt, der durch die Sehne, parallel zur Achse, gelegt wird, zeigt die Jahresringe, die sich als mannigfach geformte Längsstreifen darstellen.

Nach diesen drei Schnitten unterscheidet man nun die Flächen eines Holzstückes in Hirnholz, Spiegelholz und Langholz.

Die Wärmeausdehnung des vollkommen getrockneten Holzes ist ganz gering, so daß sie im allgemeinen unberücksichtigt bleiben kann, ganz besonders aber in der Richtung der Stammachse. Sie beträgt nur 0.003 bis 0.009 mm auf 1 m und 100 Grad Temperaturunterschied gegenüber 0.016 beim Kupfer.

Als beste Fällzeit gilt immer der Winter, da das Sommerholz die Bildung des Hausschwammes begünstigen soll. Nach anderer Ansicht soll aber das Sommerholz genau so widerstandsfähig sein. Für den ersten Standpunkt spricht jedoch, daß das im Winter geschlagene Holz, also in der Zeit der Vegetationsruhe, wo die Säfte nicht mehr im Stamme zirkulieren, zweifellos ärmer an Säften ist, die doch zum großen Teil den Nährboden für Schädlinge, also auch für den gefürchteten Hausschwamm bilden.[10])

Man kann in gewissen Fällen, besonders bei noch nicht zu lange gefälltem Holz, die Schlagzeit durch die J o d p r o b e

---

[10]) Siehe Seite 51.

feststellen, indem man Jod auf das Holz tropfen läßt. Bei stärkehaltigem Holz zeigt sich dann eine blaue Färbung. Zuverlässig ist das Verfahren allerdings nicht.

Die Fällungsweise der Holzstämme darf wohl als bekannt vorausgesetzt werden, es erfolgt in weitaus den meisten Fällen durch Sägen, entweder von Hand oder neuerdings auch oft mittels besonderer geeigneter und für diesen Zweck gebauter Sägemaschinen, seltener durch Einkerben und Stemmen oder Ausroden, obgleich letztere Fällungsart namentlich im Kriege viel angewendet wurde und auch heute noch durch die Schaffung geeigneter Rodemaschinen eine gewisse Bedeutung hat. Auf welche Weise nun auch die Fällung erfolgt sein mag, so macht sich darnach doch ein Entfernen aller für Bauholz ungeeigneter Teile erforderlich, also der größeren Äste, die man absägt; man nennt das das Z o p f e n des Baumes.

Nun macht es sich nötig, daß man den Stamm ablängt, um bestimmte Bauholzformen zu erzielen. Wenn das im Walde erfolgt, so verwendet man dazu fast ausschließlich Handsägen, auf dem Holzplatze kommen wohl auch mechanisch betriebene Sägen in Anwendung. Die Seiten werden dann beschlagen, wozu man heute selten noch das Beil verwendet (nur noch bei waldkantigen Balken), meist geschieht das unter Verwendung geeigneter Sägemaschinen, die dabei entstehenden Abfälle heißen Schwarten. Ganz gerade Stammabschnitte von größeren Querschnitten verwendet man zu den Sägeblöcken, aus denen Bretter und Bohlen auf dem Gatter oder neuerdings immer mehr auf der Blockbandsäge geschnitten werden. Diese Balken, Bretter, Bohlen und Latten hobelt man dann auf einer, auf zwei, drei oder allen vier Seiten, Bretter versieht man an den Schmalseiten mit Nuten und Federn; für besondere Zwecke werden Kehlleisten, Gesimsleisten, Verkleidungsbretter usw. auf besonderen Hobel- und Fräsmaschinen hergestellt, die Bautischlerei verlangt auch Holzstücke, die krummlinig geschnitten sind. Für Wagnerholz und mitunter auch im Schiffbau verwendet man sogenannte Krümmlinge, das sind aus hartem und festem Holz gewachsene krumme Holzstücke in verschiedenen Formen, wie z. B. Knieholz, Gabelholz usw.

Das in den Handel gebrachte Nutzholz wird in zwei Gruppen geteilt, und zwar in Waldnutzholz und in Baunutzholz. Das erstere kommt ohne besondere Verarbeitung zum Verkauf, das letztere muß eine besondere Formgebung erhalten. Das Waldnutzholz hat nun je nach dem Durchmesser verschiedene Namen, alles Holz ist bis zu etwa 7 cm Durchmesser heißt Reisholz, bis 14 cm Derbholz, alles stärkere Holz im unzerschnittenen Zustande Langholz, im geschichteten Zustande aber Schichtholz.

Als Bauholz wird alles dasjenige Holz bezeichnet, das im Hoch-, Brücken-, Schiffs-, Wasser-, Erd-, Gruben-, Straßen- und Eisenbahnbau Verwendung findet. Alles berindete oder auch entrindete, aber unbeschlagene und beschlagene Kantholz wird als Voll- oder Langholz bezeichnet. Das Bauholz kommt in der Hauptsache in drei Formen zur Verwendung, und zwar als Rundholz, Kantholz und Schnittholz. Das Rundholz wird meist schon im Walde entrindet, und zwar teils, um die Rinde für Gerbzwecke zu gewinnen oder auch um durch das Entrinden das Bebrüten durch Holzschädlinge zu verhüten. Das Rundholz wird durch Axt und Beil bearbeitet und so das Kantholz daraus gehauen oder auch durch Sägen daraus geschnitten. Je nach der Art der Kanten unterscheidet man dabei scharfkantige, vollkantige und baumkantige Balken. Wenn ein Balken durch einen Längsschnitt in zwei gleiche Teile geteilt wird, dann hat man das Halbholz, bei zwei sich kreuzenden Schnitten das Kreuzholz. Je nach dēn Querschnittsabmessungen unterscheidet man wieder extrastarkes, Mittel- und Kleinholz.

Unter dem Schnittholz versteht man außer den geschnittenen Balken, Brettern oder Dielen, Bohlen und Planken, die zusammen auch als Breitschnittholz bezeichnet werden. Die Stammbohlen und Stammbretter besitzen höhere Güte als die Zopfbohlen. Latten sind 2 bis 3 cm dick, 5 bis 7 cm hoch und bis zu 5 m lang.

Bekanntlich ist es nun nicht vorteilhaft, die Möbel aus massivem Holz herzustellen, da sie leicht bucklich werden, reißen, sich werfen und dabei schwer und teuer sind. Man stellt daher die Möbel aus leichtem Pappel-, Fichten und Tannenholz her und überzieht dieses mit einem Fournier aus einer besseren oder edleren, geeigneten Holzart. Diese Fourniere sind nun dünne Blätter aus solchen Holzarten, und zwar 0.1 bis 1 mm stark. Die Fourniere werden nun in gesägte, gemesserte und geschälte unterschieden, je nach ihrer Herstellungsart. Von einem guten Fournier muß man verlangen, daß es auf beiden Seiten ein dichtes und festes, aber nicht gebrochenes Gefüge hat.

Das Waldnutzholz wird nun gehandelt und eingeteilt in:

a) Langholz.
   1. Stämme über 14 cm Zopfstärke (Waldhölzer), ferner Schneidhölzer und gewöhnliche Rundhölzer. Es wird nach Festmetern gehandelt.
   2. Derbstangen von 7 bis 14 cm Durchmesser (Handel nach Festmetern) und Laststämmen, Gerüststangen, Leiterbäumen, Hopfenstangen usw. 1. bis 3. Klasse (Handel nach Stückzahl).
   3. Reiserstangen und 7 cm Durchmesser (Hopfen- und Bohnenstangen, Baumpfähle, Gerüststöcke usw.). Handel nach Stückzahl.

b) Schichtholz (nach Raummetern).
   1. Derbholz.
   2. Derbgrubenholz.
   3. Reiserholz.

Handels- und Nutzholz wird eingeteilt und gehandelt:

a) Rundholz (nach Festmetern).
   1. Mühlwellen, Hammerachsen, Sägeblöcke usw.
   2. Gewöhnliches Rundholz.

b) Kantholz (nach Festmetern).
   1. Splintfreie Balken.
   2. Scharfkantige Balken.
   3. Vollkantige Balken.
   4. Baumkantige Balken.
   5. Pfosten.

c) Breitschnittholz.
   1. Planken, 10 bis 15 cm stark (nach Festmetern).
   2. Bohlen, 5 bis 10 cm stark (nach Festmetern).
   3. Bretter, Borde, Dielen, 1.5 bis 4.5 cm stark (nach Festmetern) (kantig nach Quadratmetern, Stammdielen nach Stückzahl).

d) Latten (nach Metern).
   1. Dachlatten 2.5 × 5 cm bis 4 × 6 cm stark.
   2. Doppelplatten 5 × 8 cm stark.
   3. Spalierlatten, 1.5 × 2.5 cm stark.

e) Brennholz.
   1. Scheitholz, gespalten über 14 cm Durchmesser (nach Raummetern).
   2. Reiserwellen unter 7 cm Durchmesser (nach Stückzahl).

Ein Festmeter (Fm.) ist gleich einem Kubikmeter (Kbm.) zusammenhängender Holzmasse. Ein Raummeter (Rm.) ist gleich einem Kubikmeter (Kbm.) geschichteten Holzes gleich 0.7 bis 0.8 Festmeter.

Die Zunahme der Stärke eines Baumstammes vom Zopfende an für 1 m Länge beträgt bei Nadelholz 1.0 bis 1.5 cm, bei Laubholz 1.5 bis 2.5 cm.

Das Bauholz (Langholz, unbeschlagene Ganzholz) zerfällt nach der Stärke und Länge in folgende Arten:

Art:	Zopfdurchmesser cm	Länge m
Außergewöhnlich starkes Holz .	35 und mehr	14 und mehr
Gewöhnliches starkes Holz . .	25 bis 35	12 bis 14
Mittelbauholz (Riegelholz) . .	20 bis 25	9 bis 12
Kleinbauholz (Sparrholz) . . .	15 bis 20	9 bis 11
Bohlstämme	13 bis 15	7 bis 9
Lattstämme	8 bis 15	7 bis 9

Die Sägeblöcke haben eine mittlere Länge von 8 Metern bei 35 bis 50 cm Zopfdurchmesser. Das Ganzholz (beschlagenes und unbeschlagenes) liefert zur Hälfte geteilt das Halbholz und geviertelt das Kreuzholz. Das roh mit der Axt beschlagene Ganzholz, das austrocknungsfähiger und versandfähiger als unbeschlagenes ist, wird wahnkantig genannt, es hat keine scharfen Kanten. Mehrfach durchschnittene Stämme, die mittels Keilen oder Axten in der Länge geteilt werden, liefern das Spaltholz, das fester und dem Werfen weniger ausgesetzt ist.

Die vom Verbande deutscher Baugewerksmeister unter Zustimmung der staatlichen Verwaltungen und bautechnischen Verbände angenommenen Normalabmessungen für Bauhölzer und Schnitthölzer sind folgendermaßen:

a) Bauhölzer.

Breite in cm	8	10	12	14	16	18	20	22	24	26	28
Höhe in cm	8	10	12	14	16	18	20	22	24	26	28
	10	12	14	16	18	20	22	26	28	30	
	14	16	18	20	22	24	30				
	20	22	24	26							

b) Schnitthölzer (Bretter, Bohlen, Pfosten, Latten).

Längen: 3.5, 4.0, 4.5, 5.0, 5.5, 6.0, 7.0 und 8.0 m.
Stärken: 1.5, 2.0, 2.5, 3.0, 3.5, 4.0, 4.5, 5.0, 6.0, 7.0, 8.0, 9.0, 10.0, 12.0 und 15.0 cm.

In der Praxis finden sich außerdem noch vielfach folgende Bezeichnungen und Maße:

Ganzholz: 13/18, 16/18, 16/21 cm oder 5/6, 6/7, 7/8 Zoll.
Kreuzholz: 8/8, 8/10, 10/10, 12/12, 10/13, 13/13, 13/16 cm.
Zangen (Halbhölzer): 8/16, 10/16, 8/18, 8/20, 10/20 cm.
Kopfbänder: 10/12, 12/12, 12/14, 12/16, 16/18 cm.
Streben: 12/16, 14/16, 16/18, 18/18, 20/20 cm.
Riegel: 12/12, 12/14, 14/14, 14/16 cm.
Eck- und Buntstiele: 12/12, 14/14, 16/16, 18/18, 20/20 cm.
Zwischenstiele: 10/12, 12/14, 12/16, 14/16, 16/18 cm.
Schwellen: 12/14, 12/16, 14/16, 16/18, 16/20 cm.
Ganze Balken: 16/24, 18/20, 18/21, 18/22 cm.
Streichbalken: 9/20, 9/22, 9/24, 10/24, 10/26, 11/26 cm.
Unterzüge: 20/20, 22/26, 22/28, 24/30, 26/30 cm.
Pfetten oder Rähme: 10/12, 12/16, 14/16, 16/18, 18/20 cm.
Sparren: 10/12, 12/14, 12/16, 14/18, 14/20 cm.

Die Eisenbahnschwellen müssen aus gesundem und kernigem Holz bestehen und frei von Rinde sein, bei Eichenholz auch frei von Splint. Sie dürfen keine Fäulnis zeigen und keine lockere und schwammige Beschaffenheit aufweisen, ebenso keinen Drehwuchs, keine Risse und keine losen Jahresringe. Zulässig sind nur gesunde Äste, die nicht mehr als ein Sechstel des Querschnittes ergeben, lockere Äste müssen ausgehauen werden, es darf dabei aber höchstens ein Zwölftel des Querschnittes verloren gehen; die Schienenauflagen müssen davon vollkommen frei sein.

Die zulässigen Längenabweichungen betragen 5 cm nach unten und nach oben; die Mitte des Schienenauflagers darf höchstens 3 cm aus der Mittellinie liegen. Weichenschwellen müssen im Querschnitt vollkommen rechteckig sein und volle Maße besitzen (18 × 30 cm); sie dürfen nicht wahnkantig sein.

Für Telegraphenstangen und Masten für elektrische Leitungen usw. kommt Kiefern-, Fichten-, Tannen- und Lärchenholz, seltener Eichenholz zur Verwendung. Die Stangenlängen betragen 7, 8.5 und 10 Meter. Der Zopfdurchmesser der geschälten Stangen beträgt 18 cm, die Verjüngung vom Stammende zum Zopfende auf 1 m Länge etwa 1 cm. Der Mindestdurchmesser am Stammende soll betragen: bei 7 m Länge 22 cm, bei 8.5 m Länge 23.5 cm und bei 10 m Stangenlänge 25.0 cm.

Für Nebenlinien werden auch 7 m lange Stangen mit nur 12 cm Zopfstärke verwendet. Im übrigen müssen die Stangen geraden Wuchs haben, keine Astlöcher aufweisen und das wirkliche Stammende eines gesunden, nicht verdreht gewachsenen Stammes sein.

Die industrielle Verwertung des Holzes.

Die industrielle Verwertung des Holzes findet auf verschiedenen Wegen statt, man hat da in der Hauptsache zwei Gruppen zu unterscheiden, und zwar die chemische und die mechanische Verwertung.

Die chemische Verwertung kann nun wieder auf verschiedene Weise erfolgen, die Hauptverwendung findet das Holz dabei zur Herstellung der Zellulose, also zu Papierhalbstoff. Die Zellulose ist allerdings auch noch der Ausgangsstoff für viele andere Industrieerzeugnisse (Kunstseide, Sprengstoffe usw.), findet aber da nicht in so großen Mengen Verwendung wie zur Herstellung von Papier. Die Zellulose ist ein Hauptbestandteil des Holzes und findet sich in diesem entweder mit anderen Stoffen, den sogenannten Inkrusten, durchsetzt, oder auch chemisch gebunden. Zur Isolierung der Zellulosefasern und zur Lösung der Inkrusten verwendet man in der Hauptsache nur noch zwei Verfahren, und zwar das Natronverfahren und das Sulfitverfahren, in neuerer Zeit ist man bei der Ausprobierung noch anderer Verfahren, die viel Aussicht auf Erfolg versprechen. Über die Art der Zellulosegewinnung kann hier nicht weiter gesprochen werden, da sie ein sehr umfangreiches Kapitel darstellt und hier auch nicht weiter interessieren kann. Zur Zellulose kann man nun vorteilhaft und wirtschaftlich nur gewisse Hölzer verwenden und zwar in der Hauptsache Nadelhölzer, und von diesen wieder die Fichte und die Kiefer, weniger die Tanne. Diese Nadelhölzer ergeben eine längere, festere und geeignetere Faser, die sich auch zum Teil schneeweiß bleichen läßt, als die Laubhölzer und andere Nadelhölzer.

Die Zellulose ist nun ein Halbstoff für eine große Menge anderer Erzeugnisse, von denen, wie schon erwähnt, das Papier das wichtigste ist. Sie stellt hier eine sehr wertvolle, wenn auch nicht ebenbürtige Faser als Ersatz für die teuren und immer knapper werdenden Lumpen oder Hadern dar. Das Papier läßt sich für alle möglichen Zwecke verwenden, vor allen Dingen lassen sich daraus sehr feste und zähe Packpapiere herstellen, die man auch wieder zu Säcken und Papierbindfaden verarbeiten kann.

Zellulose ist auch wieder das Ausgangsprodukt für eine ganze Reihe von Sprengstoffen, so z. B. Schießbaumwolle oder Nitrozellulose, die durch Einwirkung von konzentrierter Schwefelsäure und Salzsäure auf Zellulose gewonnen wird.

Aus der Schießbaumwolle wieder stellt man Kunstseide und Kollodium her. Das Zelluloid ist eine Verbindung von löslicher Nitrozellulose unter Einwirkung heißer Salpeter- und Schwefelsäure unter Zufügung von Kampfer und synthetischem Terpentinöl. Aus azetonlöslicher Azetylzellulose stellt man unter Zumischung von kleinen Mengen Alkohol und einem hochsiedenden Kampferersatzmittel durch Kneten das Zellon her, das dem Zelluloid ähnlich ist, aber nicht dessen hohe Feuergefährlichkeit besitzt. Zellon hat infolge dieser Eigenschaft sehr große Verbreitung gefunden.

Eine andere chemische Verwertung des Holzes ist die trockene Destillation. Wenn Holz unter Luftverschluß in eisernen Gefäßen verkohlt wird, dann entwickelt es bis zur Erhitzung von 360° etwa 70 vH. seines Gewichtes an gasförmigen Stoffen, bei seiner Erhitzung bis 290° etwa 63 vH. Wenn man die bei dieser Temperatur entweichenden Gase in einem Kühlapparat auffängt und verdichtet, dann erhält man bis zu 70 vH Holzsäure oder Holzessig. Die verschiedenen Holzarten ergeben dabei 40 bis 50 vH Essig, der um so schwächer ist, je nasser das Holz war. Außerdem erhält man noch Holzgeist und eine Anzahl anderer organischer Verbindungen. Zu Beginn der Destillation entweichen Gase, die sich nicht so leicht verdichten lassen und wegen ihrer großen Sauerstoffarmut nur geringen Brennwert besitzen. Bei weiterem Fortschreiten der Destillation zeigen sich Holzteerdämpfe und andere schwere Öle, die erst bei höherer Temperatur entweichen. Hierher gehört auch das Kreosotöl, das besonders zur Imprägnierung des Holzes Verwendung findet. Aus dem Holzessig kann man Methylalkohol, Azeton und Oxalsäure gewinnen. Der Holzessig hat stark fäulniswidrige Eigenschaften, er wird außer zur Gewinnung reiner Essigsäure in der Hauptsache in der Teerfarbenindustrie und auch zur Herstellung von Arzneistoffen verwendet.

Als Nebenerzeugnis der Verkohlung des Holzes, besonders aber der Laubhölzer, wird eine dickflüssige Masse, der Holzteer gewonnen; er entsteht ebenfalls bei der trockenen Destillation des Holzes in den ersten Stadien. Die dabei auftretenden Teerdämpfe werden verdichtet und nicht verbrannt. Man verwendet zur Gewinnung des Holzteers in der Hauptsache Holzschwarten und Sägespäne. Die Gewinnung erfolgt in Meilern oder in eisernen Kesseln mit durch Luft gekühlten Verdichtern. Bei Nadelhölzern hat man eine Ausbeute von etwa 17 vH; der so entstehende Holzteer hat eine gelbe bis braune Farbe und stark harzhaltigen Geruch. Er wird in der Hauptsache zu konservierenden Anstrichen von Tauwerk und Dachpappe, zum Kalfatern von Schiffen und zur Herstellung von Ruß und Pech verwendet. Aus dem Buchenholzteer gewinnt man wieder durch Destillieren Kreosotöl und leichte Teeröle. Der bei der Destillation der Birkenrinde gewonnene Teer wird bei der Fabrikation des Juchtenleders verwendet.

Wenn man Holzteer erhitzt, daß seine flüchtigen Bestandteile verdampfen, dann erhält man das Holzpech.

Die Weichhölzer, besonders aber die Nadelhölzer, haben alle einen großen Harzgehalt, der der Fäulnis entgegenwirkt. Das Harz wird aus Abfallholz, knotigem Holz usw. durch Erhitzen in einer Retorte oder einem Ofen gewonnen, wobei es fließt, gesammelt wird und sich durch Destillation mit Dampf zum Teil in Terpentinöl verwandelt. Besonders reich an Harz sind die unteren Teile der Kiefernstämme, die sogenannten Stubben, die bei 100-jährigen Kiefern etwa 11—12 vH Harz und etwa 4 vH Terpentin enthalten. Aus den verletzten Stämmen der Nadelhölzer fließt eine balsamartige Masse aus, die man ebenfalls als Terpentin bezeichnet und die an der Luft schnell undurchsichtig wird; ohne Wasserzusatz gekocht und destilliert ergibt sie das Kolophonium. Terpentin, Terpentinöl und Kolophonium werden zu Lacken, Seifen und dergleichen verwendet.

Bei der unvollkommenen Verbrennung des Holzes ergibt sich der Ruß, der sich aus der Flamme als fein verteilter, aber verunreinigter Kohlenstoff ausscheidet. Der Ruß, auch Kienruß genannt, wird aus sehr harzreichem Holz, Harz oder Harzabfällen durch Verbrennung bei beschränkter Luftzufuhr erzeugt und in besonderen Kammern aufgefangen. Der gereinigte Ruß als Lampenschwarz dient zur Herstellung von Druck- und Ölfarben.

Daß Tannin oder die Gallussäure findet sich in den Rinden vieler Holzarten, besonders auch in der Fichtenrinde, bis zu 8 vH. Wenn die Rinde zum Gerben verwendet werden soll, dann muß ihr Gehalt an Tannin mindestens 3 vH betragen, meistens verwendet man aber Rinden von 5 bis 15 vH Gerbstoffgehalt, seltener über 20 vH.

Weit größer als die chemische Verwertung des Holzes ist die mechanische. Das Holz wird zu den verschiedensten Zwecken verwendet. Ein großes Gebiet, wenn auch nicht das größte, nimmt dabei die Erzeugung des Holzschliffes ein.

Fälschlicherweise bezeichnet man dieses Erzeugnis auch als Holzstoff, das ist aber nicht zutreffend, denn die auf chemischem Wege aus dem Holze gewonnene Papierfaser ist auch Holzstoff.

Für den Holzschliff kommen nun in der Hauptsache Fichten und Kiefern, weniger Tannen, öfters aber auch Aspen zur Verwendung. Für die Holzschliffgewinnung spielt die Hauptrolle die Fichte, dann die Kiefer, weniger die Aspe. Das Wesen des Holzschleifens, also der mechanischen Herstellung von Papierstoff durch Zerfasern des Holzes, besteht nun darin, daß man das bis auf die Breite der Schleifapparate geschnittene Holz (bei älteren Maschinen 0.5, bei neueren 1.0, sogar 2.0 m) unter Druck, und zwar teilweise unter mechanischem und teilweise unter hydraulischem Druck, an einen mit großer Geschwindigkeit umlaufenden Stein, der entweder ein Natur- oder auch ein Kunstsandstein sein kann, anpreßt und ständig unter Wasserzugabe durch Spritzrohre von Stein abspült. Durch den Stein wird das Holz geschliffen, d. h. in seine Fasern zerlegt, das Wasser spült die Fasern ab und entfernt den Stoffbrei aus der Maschine, um ihn anderen Maschinen zuzuführen, die der Sortierung, Verfeinerung und Entwässerung dienen. Die Holzschleiferei ist ein bedeutender Industriezweig geworden und verarbeitet jährlich große Mengen an Nadelholz.

Ein anderes mechanisches Verarbeitungsverfahren ist die Herstellung der Holzwolle, die heute eine überaus große Verbreitung als Verpackungsmittel besitzt. Die Herstellung der Holzwolle beruht grundsätzlich auf einem Hobelverfahren, indem man mittels besonderer Maschinen von den geschälten und möglichst astfreien Holzrollen, die auf bestimmte Längen geschnitten sind, mehr oder minder feine Späne von verschiedener Breite abhobelt, je nach der angestrebten Feinheit des Erzeugnisses. Je nach dem Verwendungszweck der Holzwolle bestimmt sich die Auswahl des Holzes, je höhere Anforderungen man dabei stellt, desto besser muß das Holz sein. In erster Linie kommen langfaserige Nadelhölzer in Frage, also Fichte und Tanne, seltener Kiefer und Laubhölzer. Die Kiefer verwendet man nicht gern, da sie zu harzig ist, was meistens bei der Verwendung der Holzwolle schadet; die Laubhölzer sind meist zu kurzfaserig. Mitunter wird die Holzwolle, besonders die feineren Nummern, auch in den verschiedensten Tönungen gefärbt.

Ein weiterer Verwendungszweig des Holzes ist die Herstellung des Holzmehles, wozu man sowohl Rollenholz als auch sehr viel Holzabfälle verwendet. Das Holzmehl wird hergestellt, indem man die Holzrollen und gröbere Holzabfälle raspelt und dann auf Mahlgängen, die den Getreidemahlgängen ähneln, fein mahlt. Die Sägespäne werden nur auf Mahlgängen behandelt. Das so hergestellte Mehl wird dann in Sichtern nach den verschiedensten Feinheitsgraden sortiert und findet vielseitige Verwendung in allen möglichen Industriezweigen.

Die Verwendung des Holzes zu Holzpflaster hat wohl nicht mehr die Bedeutung wie früher, da man heute an die Straßenpflasterungen höhere Anforderungen stellt, als sie das Holzpflaster auszuhalten vermag. Die Holzpflasterung findet aber noch viel in Fabriken Verwendung. Man benutzt dazu sowohl einheimische Nadelweich- und Laubhölzer als auch ausländische Hölzer. Es ist aber erwiesen, daß die einheimischen Weich- und Harthölzer bei sorgsamer Auswahl, zweckentsprechender Imprägnierung und sachgemäßer Verlegung mindestens den ausländischen gleichwertig sind, dafür aber den Vorteil der größeren Billigkeit haben.

Ein Verwendungsgebiet von einer gewissen Zukunft ist der Flugzeugbau, obgleich auch hier das Metall immer mehr Fortschritte macht und das Holz ganz zu verdrängen sucht. Der Flugzeugbau stellt an das Holz wohl die größten Anforderungen. Es kommen die verschiedensten einheimischen Holzarten zur Verwendung; Kiefernholz, das feinjährig gewachsen und vollkommen astrein, ohne Beulen und ohne Verfärbung ist, zeigt ganz besondere Eignung für diesen Zweck. Sehr wertvoll ist für den Flugzeugbau natürlich auch das Eschenholz, von dem man Grobjährigkeit und glatte Fasern verlangt. Das Eschenholz darf nicht drehwüchsig sein, keinen braunen Kern, keine Äste und Beulen haben. Lindenholz muß gerade gewachsen und astfrei sein, es darf ebenfalls keinen braunen Kern aufweisen. Ahorn und Rotulme müssen rein, weiß und glattfaserig sein, Weißulme und Rüster eignen sich nicht. Die Rotbirke, die ebenfalls in Frage kommen kann, muß ein feinjähriges und zähes Holz aufweisen, grobgewachsenes Holz ist ungeeignet, während eine geringe Verfärbung des Kerns unschädlich ist. Birke und Erle sind sehr wertvoll für den Flugzeugbau, wenn das Holz ohne Risse, Beulen und Äste ist.

Eine große Zukunft in der gesamten Holzverarbeitung hat das Sperrholz. Das Sperrholz besteht aus einzelnen Fournieren, die man neuerdings nicht mehr sägt, sondern messert und dann zu Platten von verschiedener Stärke zusammenleimt. Man erzielt dadurch eine Holzplatte von großer Festigkeit im Verhältnis zur geringen Stärke, denn durch die innige Verbindung der zusammengeleimten und gepreßten Platten wird eine außerordentliche Festigkeit erreicht. Dreifache Sperrholzplatten von 5 bis 6 mm Stärke halten genau soviel aus als ein massives Brett von 20 bis 24 mm Stärke; es liegt auf der Hand, daß dadurch nicht nur große Ersparnisse an Gewicht, sondern auch an Material erzielt werden, zumal das Sperrholz bei richtiger Herstellung nicht den Nachteil eines massiven Holzbrettes hat, zu arbeiten, sich zu werfen, zu schwinden usw.

Die Zündholzfabrikation verwendet die verschiedensten Holzarten und zwar Aspe, Fichte, Tanne, aber auch Esche, Birke, Buche, Linde, Weide und mitunter auch Kiefer. Das Holz muß sich durch geeignete Maschinen in Lagen, die der Dicke der Hölzer entsprechen, von einem Klotz abschälen lassen. Es ist also erklärlich, daß die Rohhölzer möglichst astrein sein sollen. Die abgeschälten Lagen werden dann auf anderen Maschinen zu Holzdraht verarbeitet, welcher wieder auf die Länge der Zündhölzer geschnitten wird. Da die Zündholzfabrikation rein automatisch vor sich gehen muß, so ist es erforderlich, daß einwandfreies Holz verarbeitet wird.

Die Holzstifte, die besonders in der Schuhmacherei viel Verwendung finden, werden aus Birken- oder Ahornholz hergestellt, und zwar entweder durch Aushobeln spitzwinkliger, sich rechtwinklig kreuzender Furchen, und Spaltung in den zwei Richtungen der Furchen oder durch Abschälen des Holzes in der Richtung der Jahresringe mittels Messern in einem der Stiftlänge entsprechenden Abstand. Die Maschinen geben ihnen gleichzeitig den keilförmigen Querschnitt, der für das Eindringen in das Leder erforderlich ist. Neuerdings stellt man auch Streifen her, die den Querschnitt der Holzstifte haben, von den dann die Nagelmaschinen der Schuhmacher selbst die Stifte abspalten.

Die Holzgewebe, die im Baugewerbe und auch in anderen Gewerbezweigen viel Verwendung finden, werden aus Holzdraht hergestellt. Dieser Holzdraht wird erzeugt, indem man leichtspaltige Hölzer, also Nadelhölzer, Pappelhölzer, Weiden, Linden, durch eigentümlich geformte Hobeleisen spaltet.

Das künstliche Holz besteht aus feinen Holzspänen oder auch Holzmehl, welche mit verschiedenen Chemikalien zusammengemischt und gepreßt werden. Die Mischung läßt sich in die verschiedensten Formen bringen und zu vielen Zwecken verwenden, sie steht an Festigkeit dem Holz kaum nach. Hierher gehört auch der Kunstholzfußboden, der sich großer Beliebtheit und Verwendung erfreut. Der Holzfußboden, auch Steinholzboden genannt, besteht aus einer unter hohem Druck erzeugten Vereinigung von Sägespänen oder auch Holzmehl mit Chlormagnesium. Dieses Erzeugnis besitzt eine hohe Feuerbeständigkeit und auch eine große Wasserfestigkeit; es ist unempfindlich gegen Fäulnis und Schwamm und kommt besonders da in Anwendung, wo man Wert auf einen staubfreien Fußboden legen muß, also in Krankenanstalten, Kirchen, öffentlichen Gebäuden oder auch in Fabriken.

Sachregister

MIX
Papier | Fördert gute Waldnutzung
FSC® C083411

Zeitfracht Medien GmbH
Ferdinand-Jühlke-Straße 7
99095 Erfurt, Deutschland
produktsicherheit@kolibri360.de